装饰工程施工工艺标准(上)

主　编　蒋金生
副主编　刘玉涛　陈松来

图书在版编目(CIP)数据

装饰工程施工工艺标准. 上 / 蒋金生主编. —杭州：浙江大学出版社，2021.5

ISBN 978-7-308-20105-6

Ⅰ. ①装… Ⅱ. ①蒋… Ⅲ. ①建筑装饰—工程施工—标准—中国 Ⅳ. ①TU767-65

中国版本图书馆 CIP 数据核字(2020)第 048463 号

装饰工程施工工艺标准(上)

蒋金生 主编

责任编辑 金佩雯
文字编辑 陈 杨
责任校对 殷晓彤
封面设计 周 灵
出版发行 浙江大学出版社
(杭州市天目山路 148 号 邮政编码 310007)
(网址：http://www.zjupress.com)
排 版 杭州青翊图文设计有限公司
印 刷 浙江省邮电印刷股份有限公司
开 本 787mm×1092mm 1/16
印 张 11
字 数 275 千
版 印 次 2021 年 4 月第 1 版 2021 年 4 月第 1 次印刷
书 号 ISBN 978-7-308-20105-6
定 价 58.00 元

浙江大学出版社市场运营中心联系方式：0571-88925591；http://zjdxcbs.tmall.com

编委会名单

主　编　蒋金生

副主编　刘玉涛　陈松来

编　委　马超群　陈万里　叶文启　孔涛涛　杨培娜
杨利剑　彭建良　赵琅珀　程湘伟　程炳勇
孙鸿恩　李克江　周乐宾　蒋宇航　刘映晶
王　刚　徐　晗　盛　丽　李小玥　陈　亮
龚旭峰

前　言

近年来，国家对建筑行业的法律法规、规范标准进行了广泛的新增、修订，以铝模、爬架、装配式施工为代表的“四新”技术在建筑施工现场得到了普及和应用，在“建筑科技领先型现代工程服务商”这一全新的企业定位下，2006年由同济大学出版社出版的建筑施工工艺标准中部分内容已经不能满足当前的实际需要。因此，中天建设集团组织相关人员对已有标准进行了全面修订。修订内容主要体现在以下几个方面：

1.根据新发布或修订的国家规范、标准，结合本企业工程技术与管理实践，补充了部分新工艺、新技术、新材料的施工工艺标准，删除了已经落后的、不常用的施工工艺标准。

2.施工工艺标准内容涵盖土建工程、安装工程、装饰工程3个大类，24个小类，分成6个分册出版，施工工艺标准数量从237项增补至246项。

3.施工工艺标准的编写深度力求达到满足对施工操作层进行分项技术交底的需求，用于规范和指导操作层施工人员进行施工操作。

施工工艺标准在编写过程中得到了中天建设集团各区域公司及相关子公司的大力支持，在此表示感谢！由于受实践经验和技术水平的限制，文本内容难免存在疏漏和不当之处，恳请各位领导、专家及坚守在施工现场一线的施工技术人员对本标准提出宝贵的意见和建议，我们将及时修正、增补和完善。（联系电话：0571-28055785）

编　者

2020年3月

目　录

1　楼面、地面工程施工工艺标准 …… 1

1.1　找平层施工工艺标准 …… 1

1.2　隔离层施工工艺标准 …… 5

1.3　填充层施工工艺标准 …… 9

1.4　水泥砂浆面层施工工艺标准 …… 13

1.5　细石混凝土面层施工工艺标准 …… 17

1.6　现制水磨石面层施工工艺标准 …… 21

1.7　预制板块面层施工工艺标准 …… 28

1.8　砖面层施工工艺标准 …… 31

1.9　石材面层施工工艺标准 …… 37

1.10　实木地板面层施工工艺标准 …… 43

1.11　复合地板面层施工工艺标准 …… 47

1.12　塑料板面层施工工艺标准 …… 50

1.13　防油渗面层施工工艺标准 …… 56

1.14　不发火(防爆)面层施工工艺标准 …… 61

1.15　活动(网络、架空)地板面层施工工艺标准 …… 64

1.16　地毯面层施工工艺标准 …… 69

1.17　自流平(环氧树脂)面层施工工艺标准 …… 73

1.18　地面辐射供暖工程施工工艺标准 …… 76

2　抹灰工程施工工艺标准 …… 81

2.1　一般抹灰工程施工工艺标准 …… 81

2.2　水刷石抹灰工程施工工艺标准 …… 91

2.3　斩假石抹灰工程施工工艺标准 …… 96

2.4　干粘石抹灰工程施工工艺标准 …… 102

2.5　假面砖抹灰工程施工工艺标准 …… 109

2.6　清水砌体勾缝工程施工工艺标准 …… 113

2.7　保温层薄抹灰工程施工工艺标准 …… 117

3　门窗工程施工工艺标准 …… 123

3.1　木门窗制作与安装施工工艺标准 …… 123

3.2　钢门窗安装施工工艺标准 …… 128

3.3　铝合金门窗安装施工工艺标准 …… 135

3.4 塑料门窗安装施工工艺标准 …… 141
3.5 全玻门安装施工工艺标准 …… 148
3.6 防火门安装施工工艺标准 …… 151
3.7 自动门安装施工工艺标准 …… 154
3.8 卷帘门安装施工工艺标准 …… 159
3.9 门窗玻璃安装施工工艺标准 …… 161

1 楼面、地面工程施工工艺标准

1.1 找平层施工工艺标准

本工艺标准适用于建筑装饰装修工程地面找平层施工。工程施工应以设计图纸和施工质量验收规范为依据。

1.1.1 材料要求

(1)水泥。采用普通硅酸盐水泥或矿渣硅酸盐水泥,其强度等级不得低于32.5级。

1)水泥进场时应对其品种、级别、包装或散装仓号、出厂日期等进行检查,并应对其强度、安定性及其他必要的性能指标进行现场抽样检验。

2)当在使用中对水泥质量有怀疑或水泥出厂超过三个月(快硬硅酸盐水泥超过一个月)时,应进行复验,并按复验结果使用。

(2)砂。采用中砂或粗砂,含泥量不应大于3%,不含有机杂质,级配要良好。

(3)石子。采用碎石或卵石,粗骨料的级配要适宜,粒径为5~10mm,其最大粒径不应大于垫层厚度的2/3,含泥量不应大于2%。

(4)水宜采用饮用水。

(5)外加剂。混凝土中掺用的外加剂的质量应符合现行国家标准《混凝土外加剂》(GB 8076—2008)的规定。

1.1.2 主要机具设备

主要机具设备包括混凝土搅拌机、砂浆搅拌机、翻斗车或手推车、筛子、铁锹、铁抹子、水平刮杠、水平尺、木抹子等。

1.1.3 作业条件

(1)铺设找平层前,应将下一层表面清理干净。当下一层有松散填充料时,应铺平振实。

(2)有防水要求的建筑地面工程,铺设前必须对立管、套管和地漏与楼板节点之间的空隙进行密封处理,并应进行隐蔽验收;排水坡度应符合设计要求。

(3)用水泥砂浆或水泥混凝土铺设找平层,当其下一层为水泥混凝土垫层时,应予湿润,当表面光滑时,应划(凿)毛。铺设时先刷一遍水泥浆,应随刷随铺。

(4)施工前已有施工方案,并有详细的技术交底,并交至施工操作人员。

1.1.4 施工操作工艺

工艺流程:施工准备(弹+500mm水平线)→基层清理→洒水湿润→冲筋、抹灰饼→抹水泥砂浆或水泥混凝土铺设→找平→碾压→养护。

(1)清理基层。

1)将结构层上面的松散杂物清扫干净,凸出基层表面的硬块要剔平扫净。

2)在预制钢筋混凝土板上铺设找平层前,板缝填嵌的施工应符合下列要求。

①预制钢筋混凝土板相邻缝底宽不应小于20mm。

②填嵌时,板缝内应清理干净,保持湿润。

③填缝采用细石混凝土,其强度等级不得小于C20。填缝高度应低于板面10~20mm,且振捣密实,表面不应压光;填缝后应养护;当填缝混凝土的强度等级达到C15后,方可继续施工。

④当板缝底宽大于40mm时,应按设计要求配置钢筋。

(2)洒水湿润。在抹找平层之前,应对基层洒水湿润。

(3)冲筋、抹灰饼。根据+500mm标高水平线,在地面四周做灰饼,大房间应相距1.5m至2m增加冲筋,如有地漏和有坡度要求,应按设计要求做泛水坡度。

(4)混凝土或砂浆搅拌。找平层宜采用水泥砂浆或水泥混凝土铺设,优先选用商品混凝土或砂浆。当采用现场拌制时应符合下列要求。

1)混凝土搅拌机开机前应进行试运行,并对其安全性能进行检查,确保其运行正常。

2)混凝土搅拌时应先加石子,后加水泥,最后加砂和水,其搅拌时间不得少于1.5min,当掺有外加剂时,搅拌时间应适当延长。

3)水泥砂浆搅拌先向已转动的搅拌机内加入适量的水,再按配合比将水泥和砂子先后投入,再加水至规定配合比,搅拌时间不得少于2min。

4)水泥砂浆一次拌制不得过多,应随用随拌。砂浆放置时间不得过长,应在初凝前用完。

(5)混凝土、砂浆的运输。在运输中,应保持其匀质性,做到不分层、不离析、不漏浆。运到浇灌地点时,混凝土应具有要求的坍落度,坍落度一般控制在10~30mm,砂浆应满足施工要求的稠度。

(6)铺设混凝土或砂浆。

1)当找平层厚度小于30mm时,宜采用水泥砂浆做找平层;当找平层厚度大于30mm时,宜采用细石混凝土做找平层。

2)铺设前,将基层湿润,并在基底上刷一道素水泥浆或界面结合剂,随刷随铺混凝土或砂浆。混凝土或砂浆铺设应从一端开始,由内向外连续铺设。混凝土应连续浇灌,间歇时间不得超过2h。如间歇时间过长应分块浇筑,接槎处按施工缝处理,接缝处混凝土应捣实压平,不现接头槎。

3)工业厂房、礼堂、门厅等大面积水泥混凝土或砂浆找平层应分区段施工,分区段时应结合变形缝位置、不同类型的建筑地面连接处和设备基础的位置进行划分，并应与设置的纵向、横向缩缝的间距相一致。

4)室内地面的水泥混凝土找平层，应设置纵向缩缝和横向缩缝；纵向缩缝间距不得大于6mm，并应做成平头缝或加肋板平头缝，当找平层厚度大于120mm时，可做企口缝；横向缩缝间距不得大于12m，横向缩缝应做假缝。

5)平头缝和企口缝间不得放置隔离材料，浇筑时应互相紧贴，企口缝的尺寸应符合设计要求，假缝宽为5～20mm，深度为找平层厚度的1/3，缝内填水泥砂浆。

6)有防水要求的建筑地面工程铺设前必须对立管、套管和地漏与楼板节点之间的空隙进行密封处理，并应进行隐蔽验收，排水坡度应符合设计要求。

7)大面积抹灰在两筋中间铺砂浆，用抹子摊平，然后用短木杠根据两边冲筋标高刮平，再用木抹子找平，然后用木杠检查平整度。

(7)振捣混凝土。用铁锹摊铺混凝土或砂浆，用水平控制桩和找平墩控制标高，虚铺厚度略高于找平墩，然后用平板振捣器振捣。厚度超过200mm时，应采用插入式振捣器，其移动距离不应大于作用半径的1.5倍，做到不漏振，确保混凝土密实。

(8)混凝土或砂浆表面找平。混凝土振捣密实后，以墙柱上水平控制线和水平墩为标志，检查平整度，高出的地方铲平，凹陷的地方补平。混凝土或砂浆先用水平刮杠刮平，然后表面用木抹子搓平，铁抹子抹平压光。

(9)找平层施工完后12h内应进行覆盖和浇水养护，养护时间不得少于7d。

(10)混凝土取样强度试块应在混凝土的浇筑地点随机抽取，取样与试件留置应符合下列规定。

1)制100盘且不超过100m^{3}的同配合比混凝土，取样不得少于1次。

2)工作班拌制的同一配合比的混凝土不足90盘时，取样不得少于1次。

3)每一层楼、同一配合比的混凝土，取样不得少于一次，当每一层建筑地面工程大于1000m^{2}时，每增加1000m^{2}应增做一组试块。每次取样应至少留置一组标准养护试件，同条件养护试件的留置根据实际需要确定。

(11)冬期施工。环境温度不得低于5℃。负温下施工时，混凝土中应掺加防冻剂，防冻剂应经检验合格后方准使用，防冻剂掺量应由试验确定。找平层施工完成后，应及时覆盖塑料布和保温材料。

1.1.5 质量标准

(1)主控项目。

1)找平层采用的碎石或卵石的粒径不应大于其厚度的2/3，含泥量不应大于2%；砂为中粗砂，其含泥量不应大于3%。检验方法：观察检查和检查材质合格证明文件及检测报告。检查数量：同一工程、同一强度等级、同一配合比检查一次。

2)水泥砂浆体积比或水泥混凝土的强度等级符合设计要求，且水泥砂浆体积比不应小于1∶3(或相应的强度等级)，水泥混凝土强度凝土强度等级不应小于C15。检验方法：观察检查和检查配合比通知单及检测报告。

3)有防水要求的建筑地面工程式的立管、套管、地漏处严禁渗漏,坡向应正确、无积水。检验方法:观察检查和蓄水、泼水检验及坡度尺检查。一般蓄水深度为20～30mm,24h内无渗漏为合格。检查数量:配合比试验报告按同一工程、同一强度等级、同一配合比检查一次。强度等级检测报告按《建筑地面工程施工质量验收规范》(GB 50209—2010)第3.0.21条检查。

(2)一般项目。

1)找平层与下一层结合牢固,不得有空鼓。检验方法:用小锤轻击检查。

2)找平层表面应密实,不得有起砂、蜂窝和裂缝等缺陷。检验方法:观察检查。

3)找平层表面的允许偏差和检验方法见表1.1.5-1。

表1.1.5-1　找平层表面的允许偏差和检验方法

<table>
<tr><th rowspan="3">序号</th><th rowspan="3">项目</th><th colspan="5">允许偏差/mm</th><th rowspan="3">检验方法</th></tr>
<tr><th colspan="2">毛地板</th><th rowspan="2">用沥青玛蹄脂做结合层铺设拼花木板、面层</th><th rowspan="2">用水泥砂浆做结合层铺设面层</th><th rowspan="2">用胶粘剂做结合层铺设拼花木板、塑料板、强化复合地板、竹地板面层</th></tr>
<tr><th>拼花实木地板、拼花实木复合地板面层</th><th>其他种类面层</th></tr>
<tr><td>1</td><td>表面平整度</td><td>3</td><td>5</td><td>3</td><td>5</td><td>2</td><td>用2m靠尺和楔形塞尺检查</td></tr>
<tr><td>2</td><td>标高</td><td>±5</td><td>±8</td><td>±5</td><td>±8</td><td>±4</td><td>用水准仪检查</td></tr>
<tr><td>3</td><td>坡度</td><td colspan="5">不大于房间相应尺寸的2/1000,且不大于30</td><td>用坡度尺检查</td></tr>
<tr><td>4</td><td>厚度</td><td colspan="5">在个别地方不大于设计厚度的1/10</td><td>用钢尺检查</td></tr>
</table>

检查数量:按《建筑地面工程施工质量验收规范》(GB 50209—2010)第3.0.21条检查。

1.1.6　成品保护

(1)抹好的找平层上推小车运输时,应先铺脚手板车道。

(2)施工时应保护管线、设备等,不得碰撞移动位置。

(3)施工时应保护地漏、出水口等部位,必须加临时堵口,以免灌入砂浆等造成堵塞。

(4)水泥砂浆找平层滚压成活后,不得在上面走动或踩踏。

1.1.7　安全与环保措施

(1)混凝土及砂浆搅拌机械必须符合《建筑机械使用安全技术规程》(JGJ 33—2012)及《施工现场临时用电安全技术规范》(JGJ 46—2005)的有关规定,施工中应定期对其进行检查、维修，保证机械使用安全。

(2)原材料及混凝土在运输过程中，对道路应避免扬尘、洒漏、沾带，必要时应采取遮盖、洒水、冲洗等措施。

(3)落地砂浆应在初凝前及时回收，回收的混凝土不得夹有杂物，并应及时运至拌和地点，掺入新混凝土中拌和使用。

1.1.8　施工注意事项

(1)找平层起砂。

1)砂浆拌和配合比不准，强度等级不够或不稳定。

2)抹压程度不足，养护过早、过晚，过早上人踩踏等。

(2)找平层空鼓、开裂。

1)所用砂子过细，基层表面清理不干净，施工前未浇水或浇水养护不够。

2)基底厚薄不均匀或施工中局部漏压。

1.1.9　质量记录

(1)水泥、砂、石等材质合格证明文件及检测报告。

(2)配合比通知单。

(3)建筑地面找平层检验批质量验收记录。

(4)技术交底记录。

1.2　隔离层施工工艺标准

为防止建筑物地面上的液体经地面渗透到地下或防止地下水和潮气渗透到地面上而设置隔离层(也可称防水层或防潮层)。本工艺标准适用于建筑装饰装修工程地面隔离层施工。工程施工应以设计图纸和施工质量验收规范为依据。

1.2.1　材料要求

(1)隔离层的材料，应有出厂合格证及检测报告，应符合设计要求和有关建筑涂料的现行国家标准的规定，进场后经复试合格后使用。

(2)隔离层的材料，常用的有以下几种：石油沥青油毡(一至二层)、沥青玻璃布油毡(一层)、再生胶油毡(一层)、聚氯乙烯卷材(一层)、防水冷胶料(一布三胶)、防水涂膜(聚氨酯类涂料或氯丁胶乳沥青涂料，三道)、防油渗胶泥玻璃纤维布(一布二胶)、刚性防水材料与柔性防水材料复合。

(3)隔离层的铺设层数、上翻高度应符合设计要求。有种植要求的地面隔离层的防根穿刺等应符合现行行业标准《种植屋面工程技术规程》(JGJ 155—2013)的有关规定。

1.2.2 主要机具设备

主要机具设备一般应有基层清理修补工具(锤子、凿子、铲刀、抹子、钢丝刷、扫帚)、台秤、搅拌器、配料筒、水桶、滚刷、油漆刷、小毛刷、橡胶刮板、干粉灭火器等。

1.2.3 作业条件

(1)在水泥类找平层上铺设卷材类和涂料类防水、防油渗隔离层时,基层表面应坚固、洁净、干燥。铺设前,应涂刷基层处理剂。基层处理剂应采用与卷材性能配套的材料或采用同类涂料的底子油。

(2)当采用掺有防渗外加剂的水泥类隔离层作为防水隔离层时,其外加剂掺量和强度等级、配合比应符合设计要求。

(3)泛水坡度按设计要求(厕浴间在2%以上),不得积水。

(4)基层转角处等部位,水泥砂浆应抹成小圆角。

(5)基层与相连接的管件、卫生洁具、地漏、排水口等应在防水层施工前先将预留管道(或管套)安装牢固。预留管道(或管套)未安装不得进行防水层施工。转角处水泥砂浆收头圆滑,管根处按设计要求用密封膏嵌填密实。

(6)材料必须密封储存于阴凉干燥处。

(7)材料存放处与施工现场严禁烟火。

1.2.4 施工操作工艺

工艺流程:清理基层→结合层→细部附加层施工→第一遍涂布→第二遍涂布→第三遍涂布→第一次试水→保护层饰面施工→第二次试水→防水层验收。

(1)隔离层施工前,应将基层表面的尘土杂物清理干净,并用干净的湿布擦几次。

(2)地漏、管根、阴阳角等处应加涂一道做附加层处理,可增加一层胎体增强材料,胎体增强材料的宽度应不小于300mm,搭接宽度应不小于100mm。

(3)下一道涂膜待前一道固化后再进行施工,对平面的涂刷方向应与先一道刮涂方向相垂直。每道刮涂厚度应基本相同,最终达到设计厚度。

(4)铺设防水隔离层时,在管道穿过楼板面四周,防水涂料应向上铺涂,并超过管套的上口;在靠近墙面处,应高出面层200～300mm或按设计要求的高度铺涂。

(5)在隔离层施工前,应组织有关人员认真进行技术和使用材料的交底。

(6)卷材铺设操作要点。

1)卷材表面和基层表面上用长把滚刷均匀涂布胶粘剂,涂胶后静置20min左右,待胶膜基本干燥,指触不粘时,即可进行卷材铺贴。

2)卷材铺贴时先弹出基准线,将卷材的一端固定在预定部位,再沿基准线铺展。平面与立面相连的卷材先铺贴平面然后向立面铺贴,并使卷材紧贴阴、阳角。接缝部位必须距离阴、阳角200mm以上。

3)铺完一张卷材后,立即用干净的松软长把滚刷从卷材一端开始朝横方向顺序用力滚压一遍，以彻底排除卷材与基层之间的空气，平面部位用外包橡胶的长300mm、重30～40kg的铁辊滚压一遍，使其粘结牢固，垂直部位用手持压辊滚压粘牢。

4)卷材接缝宽度为100mm，在接缝部位每隔1m左右处，涂刷少许胶粘剂，待其基本干燥后，将搭接部位的卷材翻开，先做临时粘结固定，然后将粘结卷材接缝用的专用胶粘剂，均匀涂刷在卷材接缝隙的两个粘结面上，待涂胶基本干燥后再进行压合。

5)卷材接缝部位的附加增强处理：在接缝边缘填密封膏后，骑缝粘贴一条宽120mm的卷材胶条(粘贴方法同前)进行附加增强处理。

(7)防水涂料操作要点。

1)在底子胶固化干燥后，先检查上面是否有气泡或气孔，如有气泡用底胶填实。

2)铺设增强材料，涂刷涂料。采用橡胶刮板或塑料刮板将涂料均匀地涂刮在基层上，先涂立面，再涂平面，由内向外涂刮。

3)第一道涂层固化后，手感不粘时，即可涂刮第二道涂层，第二道涂刮方向与第一道涂刮方向垂直。

4)操作时应认真仔细，不得漏刮、鼓泡。

(8)蓄水检验。隔离层施工完后，应按《建筑地面工程施工质量验收规范》(GB 50209—2010)第3.0.24条进行试水试验。将地漏、下水口和门口处临时封堵，蓄水深度为20～30mm，蓄水24h后，观察无渗漏现象为合格。并做记录，然后进行隐蔽工程检查验收，交下道工序施工。

1.2.5 质量标准

(1)主控项目。

1)隔离层材料应符合设计要求和国家现行有关标准的规定。检验方法：观察检查和检查材质检测报告、出厂合格证。检查数量：同一工程、同一材料、同一生产厂家、同一型号、同一规格、同一批号检查一次。

2)卷材类、涂料隔离层材料进入施工现场时，应对材料的主要物理性能指标进行复检。检验方法：检查复检报告。检查数量：执行现行国家标准《屋面工程质量验收规范》(GB 50207—2012)的有关规定。

3)厕浴间和有防水要求的建筑地面必须设置防水隔离层。楼层结构必须采用现浇混凝土或整块预制混凝土板，混凝土强度等级不应小于C20；楼板四周除门洞外，应做混凝土翻边，其高度不应小于120mm。施工时结构层标高和预留孔洞位置应准确，严禁乱凿洞。检验方法：观察和用钢尺检查。检查数量：按《建筑地面工程施工质量验收规范》(GB 50209—2010)第3.0.21条检查。

4)水泥类防水隔离层的防水性能、各强度等级必须符合设计要求。检验方法：观察检查和检查防水等级检测报告、强度等级检测报告。检查数量：防水等级检测报告、强度等级检测报告均按《建筑地面工程施工质量验收规范》(GB 50209—2010)第3.0.19条检查。

5)防水隔离层严禁渗漏，坡向应正确、排水通畅。检验方法：观察检查和蓄水、泼水检验或坡度尺检查及检查检测记录。检查数量：按《建筑地面工程施工质量验收规范》(GB 50209—

2010)第 3.0.21 条检查。

(2)一般项目。

1)隔离层与其下一层结合牢固,不得有空鼓;防水涂料层应平整、均匀,无脱皮、起壳、裂缝、鼓泡等缺陷。检验方法:用小锤轻击检查和观察检查。

2)隔离层厚度应符合设计要求。检验方法:观察检查和用钢尺、卡尺检查。

3)隔离层表面的允许偏差和检验方法见表 1.2.5-1。

表 1.2.5-1 隔离层表面的允许偏差和检验方法

序号	项目	允许偏差/mm	检验方法
1	表面平整度	3	用 2m 靠尺和楔形塞尺检查
2	标高	±4	用水准仪检查
3	坡度	不大于房间相应尺寸的 2/1000,且不大于 30	用坡度尺检查
4	厚度	在个别地方不大于设计厚度的 1/10	用钢尺检查

检查数量:按《建筑地面工程施工质量验收规范》(GB 50209—2010)第 3.0.21 条检查。

1.2.6 成品保护

(1)铺设隔离层时,施工人员不得穿钉鞋,防止损伤防水层。

(2)隔离层铺设完毕后应及时保护,并禁止施工人员在其上行走,以免造成隔离表面的损坏。

1.2.7 安全与环保措施

(1)施工机具必须符合《建筑机械使用安全技术规程》(JGJ 33—2012)及《施工现场临时用电安全技术规范》(JGJ 46—2005)的有关规定,施工中应定期对其进行检查、维修,保证机械使用安全。

(2)施工现场剩余的防水涂料、处理剂、纤维布等应及时清理,以防其污染环境。

(3)防水涂料、处理剂不用时,应及时封盖,不得长期暴露。

(4)涂料的调配、喷涂及沥青类材料加热等过程中,施工人员应戴口罩。

(5)电动机具的操作人员应穿胶鞋、戴胶皮手套。

(6)沥青类材料和涂料等应单独统一存放,存放点应通风并有防火措施。

(7)因调配涂料等产生的污水应经过滤后排入指定地点。

(8)施工机具的运行噪声应控制在当地有关部门的规定范围内。

1.2.8 施工注意事项

(1)隔离层的材料,其材质应经有资质的检测单位认定,合格后方准使用。

(2)当采用掺有防水剂的水泥类找平层作为防水隔离层时,其掺量和强度等级(或配合比）应符合设计要求。

（3）在水泥类找平层上铺设沥青类防水卷材、防水涂料或以水泥类材料作为防水隔离层时，其表面应坚固、洁净、干燥。铺设前，涂刷基层处理剂。基层处理剂应采用与卷材性能配套的材料或采用同类涂料的底子油。

（4）铺设防水隔离层时，在管道穿过楼板面四周，防水材料应向上铺涂，并超过套管的上口。在靠近墙面处，应高出面层 200～300mm 或按设计要求的高度铺涂。阴阳角和管道穿过楼板面的根部应增加铺涂附加防水隔离层。

1.2.9 质量记录

（1）防水材料材质合格证明文件及检测报告。

（2）地面工程隔离层检验批质量验收记录。

（3）安全、技术交底。

（4）施工记录。

1.3 填充层施工工艺标准

填充层为在建筑地面上起隔声、保温、找坡或敷设管线等作用的构造层。填充层材料根据设计要求，可采用松散、板块、整体保温材料和吸声材料等。本工艺标准适用于建筑地面工程（含室外散水、明沟、踏步、台阶和坡道等附属工程）中的填充层的施工。工程施工应以设计图纸和施工质量验收规范为依据。

1.3.1 材料要求

（1）松散材料的质量要求见表 1.3.1-1。

表 1.3.1-1 松散材料质量要求

项目	膨胀蛭石	膨胀珍珠岩	炉渣
粒径/mm	3～15	≥0.15，≤0.15 的含量不大于 8%	5～40
表观密度/$(kg \cdot m^{-3})$	≤300	≤120	500～1000
导热系数/$(W \cdot m^{-1} \cdot K^{-1})$	≤0.140	≤0.070	0.190～0.256

（2）整体保温材料的质量要求。构成整体保温材料中的松散保温材料其质量应符合第（1）条的规定，其胶结材水泥、沥青等应符合设计及国家有关标准的规定。水泥强度等级应不低于 32.5 级。沥青在北方地区宜采用 30 号以上，南方地区应不低于 10 号。所用材料必须有出厂质量证明文件，并符合国家有关标准的规定。

（3）板状保温材料的质量要求见表 1.3.1-2。

表 1.3.1-2 板状保温材料质量要求

项目	聚苯乙烯泡沫塑料		硬质聚氨酯泡沫塑料	泡沫玻璃	微孔混凝土	膨胀蛭石制品、膨胀珍珠岩制品
	挤压	模压				
表观密度/(kg·m^{-3})	≥32	15～30	≥30	≥150	500～700	300～800
导热系数/(W·m^{-1}·K^{-1})	≤0.03	≤0.041	≤0.027	≤0.062	≤0.22	≤0.26
抗压强度/MPa	—	—	—	≥0.4	≥0.4	≥0.3
在10%形变下的压缩应力	≥0.15	≥0.06	≥0.15	—	—	—
70℃,48h后尺寸变化率/%	≤2.0	≤5.0	≤5.0	≤0.5	—	—
吸水率/%	≤1.5	≤6	≤3	≤0.5	—	—
外观质量	板的外形基本平整,无严重凹凸不平;厚度允许偏差为5%,且不大于4mm					

1.3.2 主要机具设备

主要机具设备包括搅拌机、水准仪、抹子、木杠、靠尺、筛子、铁锹、沥青锅、沥青桶、墨斗等。

1.3.3 作业条件

(1)施工所需各种材料已按计划进入施工现场。

(2)填充层施工前,其基层质量必须符合施工规范的规定。

(3)预埋在填充层内的管线以及管线重叠交叉集中部位的标高,用细石混凝土事先稳固。

(4)填充层的材料采用干铺板状保温材料时,其环境温度不应低于－5℃。

(5)采用掺有水泥的拌和料或采用沥青胶结料铺设填充层时,其环境温度不应低于5℃。

(6)填充层的下一层表面应平整。当为水泥类时,尚应洁净、干燥,并不得有空鼓、裂缝和起砂等缺陷。

(7)五级及以上的风天、雨天及雪天,不宜进行填充层施工。

(8)施工方案已编制并经审批,对施工操作人员已进行详细技术交底。

1.3.4 施工操作工艺

(1)工艺流程。

1)松散保温材料铺设填充层的工艺流程:清理基层表面→抄平、弹线→管根、地漏局部处理及预埋件管线→分层铺设、压实→检查验收。

2)整体保温材料铺设填充层的工艺流程:清理基层表面→抄平、弹线→管根、地漏局部处理及管线安装→按配合比拌制材料→分层铺设、压实→检查验收。

3)板状保温材料铺设填充层的工艺流程:清理基层表面→抄平、弹线→管根、地漏局部处理及管线安装→干铺或粘贴板状保温材料→分层铺设、压实→检查验收。

(2)松散保温材料铺设填充层的操作工艺。

1)检查材料的质量,其表观密度、导热系数、粒径应符合本标准表 1.3.1-1 的规定。可进行过筛处理,使粒径符合要求。

2)清理基层表面,弹出标高线。

3)地漏、管根局部用砂浆或细石混凝土处理好,暗敷管线安装完毕。

4)松散材料铺设前,预埋间距为 800～1000mm 的木龙骨(防腐处理)、半砖矮隔断或抹水泥砂浆矮隔断一条,高度符合填充层的设计厚度要求,控制填充层的厚度。

5)虚铺厚度不宜大于 150mm。应根据其设计厚度确定需要铺设的层数,并根据试验确定每层的虚铺厚度和压实程度,分层铺设保温材料,每层均应铺平压实,压实采用压滚和木夯,填充层表面应平整。

(3)整体保温材料铺设填充层的操作工艺。

1)松散材料质量应符合(2)中第 1)条的规定,水泥、沥青等胶结材料应符合国家有关标准的规定。

2)清理基层表面,弹出标高线。

3)地漏、管根局部用砂浆或细石混凝土处理好,暗敷管线安装完毕。

4)按设计要求的配合比拌制整体保温材料。水泥、沥青膨胀珍珠岩、膨胀蛭石应采用人工搅拌,避免颗粒破碎。水泥为胶结料时,应将水泥制成水泥浆后,边拨边搅。当以热沥青为胶结料时,沥青加热温度不应高于 240℃,使用温度不宜低于 190℃。膨胀珍珠岩、膨胀蛭石的预热温度宜为 100～120℃,拌和时以色泽一致,无沥青团为宜。

5)铺设时应分层压实,其虚铺厚度与压实程度通过试验确定。表面应平整。

(4)板状保温材料铺设填充层时的操作工艺。

1)所用材料应符合设计要求,并应符合本标准表 1.3.1-2 的规定。水泥、沥青等胶合料应符合国家有关标准的规定。

2)清理基层表面,弹出标高线。

3)地漏、管根局部用砂浆或细石混凝土处理好,暗敷管线安装完毕。

4)板状保温材料应分层错缝铺贴,每层应采用同一厚度的板块,厚度应符合设计要求。

5)板状保温材料不应破碎、缺棱掉角,铺设时遇有缺棱掉角、破碎不齐的,应锯平拼接使用。

6)干铺板状保温材料时,应紧靠基层表面,铺平、垫稳;分层铺设时,上下接缝应互相错开。

7)用沥青粘贴板状保温材料时,应边刷、边贴、边压实,务必使沥青饱满,防止板块翘曲。

8)用水泥砂浆粘贴板状保温材料时,板间缝隙应用保温砂浆填实并勾缝。保温灰浆配合体积比一般为 1∶1∶10(水泥∶石灰膏∶同类保温材料碎粒)。

9)板状保温材料应铺设牢固,表面平整。

(5)有隔声要求的填充层施工要求。

1)有隔声要求的楼面,隔声垫在柱、墙面的上翻高度应超出楼面 20mm,且应收口于踢脚线内。地面上有竖向管道时,隔声垫应包裹管道四周,高度同卷向柱、墙面的高度。隔声垫保护膜之间应错缝搭接,搭接长度应大于100mm,并用胶带等封闭。

2)隔声垫上部应设置保护层,其构造做法应符合设计要求。当设计无要求时,混凝土保护层厚度不应小于30mm,内配间距不大于200×200mm、直径6mm的钢筋网片。

3)有隔声要求的建筑地面工程尚应符合现行国家标准《建筑隔声评价标准》(GB/T 50121—2005)、《民用建筑隔声设计规范》(GB 50118—2010)的有关要求。

1.3.5 质量标准

(1)主控项目。

1)填充层的材料质量必须符合设计要求和国家产品标准的规定。检验方法:观察检查和检查材质合格证明文件、检验报告。

2)填充层的配合比必须符合设计要求。检验方法:观察检查和检查配合比通知单。

(2)一般项目。

1)松散材料填充层铺设应密实,板块状填充层应压实、无翘曲。检验方法:观察检查。

2)填充层表面的允许偏差和检验方法见表1.3.5-1。

表1.3.5-1 填充层表面的允许偏差和检验方法

项目		表面平整度/mm	标高/mm	坡度	厚度
填充层	松散材料	7	±4	不大于房间相应尺寸2‰,且不大于30mm	个别地方不大于设计厚度的1/10
	板状材料	5	±4		
检验方法		用2m靠尺和楔形塞尺检查	用水准仪检查	用坡度尺检查	用钢尺检查

1.3.6 成品保护

(1)材料堆放应避风避雨、防潮,搬运时要防止压榨,堆放高度不宜超过1m。

(2)松散保温材料铺设的填充层拍实后,不得在填充层上行车和堆放重物。

(3)填充层验收合格后,应立即进行上部的找平层施工。

1.3.7 安全与环保措施

(1)对作业人员进行安全技术交底、安全教育。

(2)采用沥青类材料时,应尽量采用成品。必须在现场熬制沥青时,锅灶应设置在远离建筑物和易燃材料30m以外下风向地点,并禁止在屋顶、简易工棚和电气线路下熬制;严禁用汽油和煤油点火,现场应配置消防器材、用品。

(3)装运热沥青时,不得用锡焊容器,盛油量不得超过其容量的2/3。垂直吊运下方不得有人。

(4)使用沥青胶结料时,室内应通风良好。

(5)装卸、搬运沥青和含有沥青的制品应使用机械和工具,有散漏粉末时,应洒水,防止粉末飞扬。

(6)拌制、铺设沥青膨胀珍珠岩、沥青膨胀蛭石的作业工人应按规定使用防护用品，并根据气候和作业条件安排适当的间歇时间。

(7)熔化桶装沥青，应先将桶盖和气眼全部打开，用铁钉串通后，方准烘烤。严禁火焰与油直接接触。熬制沥青时，操作人员应站在上风方向。

1.3.8 施工注意事项

(1)松散保温材料应分层铺平拍实，每层虚铺厚度不宜大于150mm，压实程度与厚度应通过试验确定。

(2)水泥、沥青膨胀珍珠岩、膨胀蛭石整体填充层，应拍实至设计厚度，虚铺厚度和压实程度应根据试验确定。水泥膨胀珍珠岩、膨胀蛭石宜采用人工搅拌。沥青膨胀珍珠岩、膨胀蛭石宜采用机械拌制，色泽一致，无沥青团。

(3)板状保温材料应分层错缝铺贴，每层应采用同一厚度的板块。铺设厚度应符合设计要求。

(4)采用材料的质量应符合本标准表1.3.1-1、表1.3.1-2的规定。炉渣中不应含有机杂物、石块、土块、重矿渣块和未燃尽的煤块。

(5)整体保温材料表面应平整，厚度符合设计要求。

(6)干铺板状保温材料，应紧靠基层表面铺平、垫稳。粘贴板状保温材料时，应铺砌平整、严实。

1.3.9 质量记录

(1)填充层材料出厂质量证明文件(具有产品性能的检测报告)、进场验收检查记录。

(2)整体填充层材料的配合比通知单。

(3)熬制沥青温度检测记录。

(4)填充层工程隐蔽检查验收记录。

(5)地面工程填充层检验批质量验收记录。

1.4 水泥砂浆面层施工工艺标准

水泥砂浆面层，采用水泥砂浆涂抹于混凝土基层(垫层)上而成，是建筑工程中应用最为普通、简单、广泛的面层构造。它具有材料简单，整体性好，强度高，施工操作简便、快速，费用较低等优点；但耐磨性略差。本工艺标准适用于建筑装饰装修工程水泥砂浆面层施工。工程施工应以设计图纸和施工质量验收规范为依据。

1.4.1 材料要求

(1)水泥。采用强度不低于32.5级的硅酸盐水泥或普通硅酸盐水泥，要求新鲜无结块。

(2)砂。中砂或粗砂或中粗砂混用,粒径不大于5mm;如用石屑代砂,粒径应为1~5mm;含泥量不应大于3%。

1.4.2 主要机具设备

(1)机械设备。包括砂浆搅拌机、机动翻斗车。

(2)主要工具。包括平铁锹、木刮尺、木杠、木抹子、铁抹子、钢皮抹子、角抹子、喷壶、小水桶、钢丝刷、茅柴帚、手推胶轮车等。

1.4.3 作业条件

(1)地面或楼面的混凝土垫层(基层)已按设计要求施工完成,混凝土强度已达到1.2MPa以上。

(2)室内门框、预埋件、各种管道及地漏等已安装完毕,经验查合格,地漏口已遮盖,并办理预检手续。

(3)各种立管和套管通过面层孔洞已用细石混凝土灌好修严。

(4)顶棚、墙面抹灰施工完毕,已弹出或设置控制面层标高和排水坡度的水平线或标志;分格缝已按要求设置,地漏处已找好泛水及标高。

(5)屋面已做好防水层,或有防雨措施。

1.4.4 施工操作工艺

工艺流程:清理基层→洒水湿润→刷素水泥砂浆→找标高冲筋、抹灰饼→铺水泥砂浆→找平、压头第一遍→第二遍压光→第三遍压光→抹踢脚板→养护。

(1)清理基层。将基层表面的积灰、浮浆、油污及杂物清扫掉并洗干净,明显凹陷处应用水泥砂浆或细石混凝土垫平,表面光滑处应凿毛并清刷干净。抹砂浆前1d浇水湿润,表面积水应予排除。

(2)冲筋、抹灰饼。根据墙面弹线标高,用1∶2干硬性水泥砂浆在基层上做灰饼,大小约50mm见方,纵横间距约1.5m。有坡度的地面,应坡向地漏一边。

(3)配制砂浆。面层水泥砂浆的配合比宜为1∶2(水泥∶砂,体积比),稠度不大于35mm,强度等级不应小于M15。水泥石屑砂浆为1∶2(水泥∶石屑,体积比),水灰比为0.40。使用机械搅拌,投料完毕后的搅拌时间不应少于2min,要求拌和均匀,颜色一致。

(4)铺抹砂浆。灰饼做好待收水不致塌陷时,即在基层上均匀扫素水泥浆(水灰比为0.4~0.5)一遍,随扫随铺砂浆。若待灰饼硬化后再铺抹砂浆,则应随铺砂浆随找平,同时把利用过的灰饼敲掉,并用砂浆填平。水泥砂浆面层厚度应符合设计要求,且不应小于20mm。

(5)找平、压头一遍。铺抹砂浆后,随即用刮尺或木杠按灰饼高度,将砂浆找平,用木抹子搓揉压实,将砂眼、脚印等消除后,用靠尺检查平整度。抹时应用力均匀,并后退着操作。待砂浆收水后,随即用铁抹子进行头遍抹平压实至起浆为止。

(6)二遍压光。在砂浆初凝后进行第二遍压光,用钢抹子边抹边压,把死坑、砂眼填实压平,使表面平整。要求不漏压,平面出光。有分格的地面,压光后,应用溜缝抹子溜压,做到缝边光直,缝隙明细。

(7)三遍压光。在砂浆终凝前进行,即人踩上去稍有脚印,用抹子压光无抹痕时,用铁抹子把前遍留下的抹纹全部压平、压实、压光,达到交活的程度为止。

(8)抹踢脚板。一般在抹地坪面层前施工。有墙面抹灰层的,底层和面层砂浆宜分两次抹成,无墙面抹灰层的,只抹面层砂浆。抹底层砂浆系先清理基层,洒水湿润,然后按标高线量出踢脚板标高,拉通线确定底灰厚度,抹灰饼,抹 1∶3 水泥砂浆,刮板刮平,搓毛,浇水养护。抹面层砂浆系在底层砂浆硬化后,拉线贴粘靠尺板,抹 1∶2 水泥砂浆,用刮板紧贴靠尺垂直地面刮平,用铁抹子压光,阴阳角、踢脚板上口,用角抹子溜直压光。

(9)养护。视气温高低在面层压光交活 24h 内,铺锯末或草袋护盖,并洒水保持湿润,养护时间不少于 14d。

(10)冬期施工。宜用 32.5 级硅酸盐水泥或普通硅酸盐水泥;室内应有保暖措施,使环境温度不低于 5℃。配制砂浆用热水搅拌,使铺抹时温度不低于 5℃。

1.4.5 质量标准

(1)主控项目。

1)水泥采用硅酸盐水泥、普通硅酸盐水泥,其强度等级不应小于 32.5,不同品种、不同强度等级的水泥严禁混用;砂应为中粗砂,当采用石屑时,其粒径应为 1～5mm,且含泥量不应大于 3%;防水水泥砂浆采用的砂或石屑,其含泥量不应大于 1%。检验方法:观察检查和检查材质合格证明文件及检测报告。检查数量:按同一工程、同一强度等级、同一配合比检查一次。

2)防水水泥砂浆中掺入的外加剂的技术性能应符合国家现行有关标准的规定,外加剂的品种和掺量应经试验确定。检验方法:观察检查和检查质量合格证明文件、配合比试验报告。检查数量:按同一工程、同一强度等级、同一配合比、同一外加剂品种、同一掺量检查一次。

3)水泥砂浆面层的体积比(强度等级)必须符合设计要求;且体积比应为 1∶2,强度等级不应小于 M15。检验方法:检查强度等级检测报告。检查数量:按《建筑地面工程施工质量验收规范》(GB 50209—2010)第 3.0.21 条检查。

4)有排水要求的水泥砂浆地面,坡向应正确,排水通畅;防水水泥砂浆面层不应渗漏。检验方法:观察检查和蓄水、泼水检验或坡度尺检查及检查检验记录。检查数量:按《建筑地面工程施工质量验收规范》(GB 50209—2010)第 3.0.21 条检查。

5)面层与下一层应结合牢固,且应无空鼓和开裂。当出现空鼓时,空鼓面积不应大于 $400cm^2$,且每自然间或标准间不应多于 2 处。检验方法:观察和用小锤轻击检查。检查数量:按《建筑地面工程施工质量验收规范》(GB 50209—2010)第 3.0.21 条检查。

(2)一般项目。

1)面层表面的坡度应符合设计要求,不得有倒泛水和积水现象。检验方法:观察和采用泼水或坡度尺检查。

2)面层表面应洁净,不应有裂纹、脱皮、麻面、起砂等缺陷。检验方法:观察检查。

3)踢脚线与柱、墙面应紧密结合,踢脚线高度及出柱、墙厚度应符合设计要求且均匀一致。当出现空鼓时,局部空鼓长度不应大于 300mm,且每自然间或标准间不应多于 2 处。检验方法:用小锤轻击、钢尺和观察检查。

4)楼梯踏步的宽度、高度应符合设计要求。楼层梯段相邻踏步高度差不应大于 10mm,每踏步两端宽度差不应大于 10mm;旋转楼梯梯段的每踏步两端宽度的允许偏差不应大于 5mm。踏步面层应做防滑处理,齿角应整齐,防滑条应顺直、牢固。检验方法:观察和用钢尺检查。

5)水泥砂浆面层的允许偏差和检验方法见表 1.4.5-1。

表 1.4.5-1　水泥砂浆面层的允许偏差和检验方法

序号	项目	允许偏差/mm	检验方法
1	表面平整度	3	用 2m 靠尺和楔形塞尺检查
2	踢脚线上口平直	4	拉 5m 线和用钢尺检查
3	缝格平直	3	

检查数量:按《建筑地面工程施工质量验收规范》(GB 50209—2010)第 3.0.21 条检查。

1.4.6　成品保护

(1)面层施工时应防止碰撞损坏门框、管线、预埋铁件、墙角及已完的墙面抹灰等。

(2)施工时注意保护好管线、设备等的位置,防止变形、位移。

(3)操作时注意保护好地漏、出水口等部位,做临时堵口或覆盖,以免灌入砂浆等造成堵塞。

(4)事先埋设好预埋件,已完地面不准再剔凿孔洞。

(5)面层养护时间不应少于 7d,其间不允许车辆行走或堆压重物。抗压强度达到 5MPa 后,方准上人行走。

(6)不得在已做好的面层上拌和砂浆、调配涂料等。

1.4.7　安全措施

(1)清理基层时,不允许从窗口、洞口向外乱扔杂物,以免伤人。

(2)抹砂浆操作人员应有手套,剔凿地面时要戴防护眼镜等必要的劳动保护用品。

1.4.8　施工注意事项

(1)面层施工温度不应低于 5℃,否则应按冬期施工要求采取措施。

(2)水泥砂浆铺抹时,如砂浆局部过稀,不得撒干水泥,以免面层颜色不匀,甚至造成龟裂或起皮。压光时,严禁另加素水泥胶浆压光,以防起壳或造成表层强度降低。

(3)面层抹压完毕后,夏季应防止曝晒雨淋,冬季应防止凝结前受冻。

(4)抹面时必须将基层上的粘结物、灰尘、油污彻底去净并湿润,刷素水泥浆一度,其水灰比一般为0.4～0.5，应随刷随铺、随铺随拍实，掌握好压抹时间，以避免出现空鼓或脱壳。

(5)抹砂浆时应注意按要求遍数抹压，并使其均匀、厚薄一致，不得漏压、欠压或超压，以防表面起皮和强度不均。

(6)抹面层时，不得使用受潮或过期水泥，砂浆应搅拌均匀，水灰比应掌握准确，压光要适时，以防造成地面起砂。不得采用干撒水泥后，再浇水用扫帚来回扫的办法，以免影响面层与基层粘结质量。

(7)水泥等级不够或使用过期水泥，水泥砂浆搅拌不均匀，水灰比掌握不准，压光不适时会造成地面起砂。施工用水泥应符合材质要求，严格控制配合比，压光应在砂浆终凝前完成交活。

(8)基层清理不干净，前一天没有认真洒水湿润，涂刷水泥浆与铺灰操作工序的间隔时间过长会造成空鼓开裂。施工应保证用料符合要求，基层清理应认真，铺灰、压实、压光应掌握好时间，保证垫层、面层应有的厚度。

(9)水泥砂浆铺设后压边角、管根刮杠不到头，搓平不到边，容易漏压或不平。施工时应认真操作。

(10)有垫层的地面在做垫层时坡度没有找准会产生倒泛水现象。面层施工前应检查基层泛水是否符合要求，面层施工冲筋时找好泛水。

1.4.9 质量记录

(1)各种进场原材料材质合格证明文件及检测报告。

(2)施工配合比单、施工日记及检验记录。

(3)分项工程施工质量检验记录。

1.5 细石混凝土面层施工工艺标准

混凝土面层系采用普通细石混凝土作为地面和楼面面层。它具有整体性好，强度高，抗裂，耐磨性好，材料易得，施工简便、快速，造价低等优点。本工艺标准适用于建筑装饰装修工程一次抹面的细石混凝土面层施工。工程施工应以设计图纸和施工质量验收规范为依据。

1.5.1 材料要求

(1)水泥。采用普通硅酸盐或矿渣硅酸盐水泥，要求新鲜无结块。其强度等级不低于32.5级。

(2)砂。采用粗砂或中砂，含泥量应不大于3%。

(3)石子。采用坚硬、耐磨级配良好的碎石或卵石，粒径不大于15mm或面层厚度的2/3，含泥量应不大于2%。

1.5.2 主要机具设备

(1)机械设备。包括混凝土搅拌机、平板式振动器、机动翻斗车等。

(2)主要工具。包括大小平锹、铁滚筒、木抹子、铁抹子、钢皮抹子、2m 长木杠、水平尺、小桶、筛子(筛孔为 5mm)、钢丝刷、笤帚、手推胶轮车、低压照明灯等设备。

1.5.3 作业条件

(1)地面或楼面的混凝土垫层(基层)已按设计要求施工完成,混凝土强度已达到 1.2MPa 以上。

(2)室内门框、预埋件、各种管道及地漏等已安装完毕,经验查合格,地漏口已遮盖,并办理预检手续。

(3)各种立管和套管通过面层孔洞已用细石混凝土灌好修严。

(4)顶棚、墙面抹灰施工完毕,已弹出或设置控制面层标高和排水坡度的水平线或标志;分格缝已按要求设置,地漏处已找好泛水及标高。

(5)屋面已做好防水层,或有防雨措施。

1.5.4 施工操作工艺

工艺流程:弹+500mm 水平线→基层清理→洒水湿润→刷素水泥浆→冲筋、抹灰饼→浇筑混凝土→抹面→养护。

(1)基层清理。将基层表面的泥土、浮浆块等杂物清理冲洗干净,若楼板表面有油污,应用 5%～10%浓度的火碱溶液清洗干净。浇铺面层前 1d 浇水湿润,表面积水应予扫除。

(2)刷素水泥浆。刷一道 1∶0.4(水∶水泥)的素水泥,随铺随刷,防止出现风干现象。

(3)冲筋、抹灰饼。小面积房间在四周根据标高线做出灰饼,大面积房间还应每隔 1.5m 冲筋,有地漏时,要在地漏四周做出 0.5%的泛水坡度;灰饼和冲筋均用细石混凝土制作,随后铺细石混凝土。

(4)配制混凝土。细石混凝土的强度等级应符合设计要求,但不应小于 C20,其施工配合比应由试验室结合现场材料情况试配,计量投料。应用机械搅拌时间不少于 1min,要求拌和均匀,坍落度不宜大于 30mm,混凝土随拌随用。

(5)铺混凝土。铺时预先用木板隔成宽不大于 3m 的区段,分区段施工,先在已湿润的基层表面均匀涂刷一道水灰比为 0.4～0.5 的素水泥浆,随即铺混凝土,避免时间过长水泥浆风干导致面层空鼓。随铺随用长木杠刮平拍实,表面塌陷处应用细石混凝土补平,再用长木杠刮一次,用木抹子搓平。紧接着用长带形平板振动器振捣密实,或用 30kg 重铁滚筒纵横交错来回滚压 3～5 遍,直至表面出浆为止,然后用木抹搓平。

(6)撒水泥砂子干面灰。木抹搓平后,在细石混凝土面层上均匀地撒 1∶1 干水泥砂,待灰面吸水后再用长木杠刮平,用木抹子搓平。

(7)第一遍抹压。用铁抹轻压面层,将脚印压平。

(8)第二遍抹压。当面层开始凝结,地面上有脚印但不下陷时,用铁抹子进行第二遍抹压,尽量不留波纹。

(9)第三遍抹压。当面层上人稍有脚印,而抹压无抹纹时,应用钢皮抹子进行第三遍抹压,抹压时用力要稍大,将抹子纹痕抹平压光为止,应控制在终凝前完成。

(10)养护。第三遍抹压完后12h内进行浇水养护,一般可满铺湿润锯末或其他材料覆盖养护,浇水次数应能保持混凝土处于湿润状态,时间不少于7d。环境温度低于5℃时,不得施工与浇水。

(11)分格缝压抹。有分格缝的面层,在撒1∶1水泥砂后,用木杠刮平和木抹子搓平,然后应在地面上弹好线,用铁抹子在弹好线两侧各200mm宽范围内抹压一遍,再用溜缝抹子开缝;以后随大面积压光时沿分格缝用溜缝抹子抹压两遍方可交活。

(12)施工缝处理。细石混凝土面层铺设不得留置施工缝。当施工间歇超过允许时间规定,在继续浇筑混凝土时,应对已凝结的混凝土接槎处进行处理,刷一层素水泥浆,其水灰比为0.4～0.5,再浇筑混凝土,并应捣实压平,不显接头槎。

1.5.5　质量标准

(1)主控项目。

1)细石混凝土采用的粗骨料,其最大粒径不应大于面层厚度的2/3,且不应大于16mm。检验方法:观察检查和检查材质合格证明文件及检测报告。检查数量:按同一工程、同一强度等级、同一配合比检查一次。

2)防水混凝土中掺入的外加剂的技术性能应符合国家现行有关标准的规定,外加剂的品种和掺量应经试验确定。检验方法:检查外加剂合格证明文件和配合比试验报告。检查数量:按同一工程、同一品种、同一掺量检查一次。

3)面层的强度等级应符合设计要求,且强度等级不应小于C20;水泥混凝土垫层兼面层强度等级不应小于C15。检验方法:检查配合比试验报告和强度等级检测报告。检查数量:配合比试验报告按同一工程、同一强度等级、同一配合比检查一次。强度等级检测报告按《建筑地面工程施工质量验收规范》(GB 50209—2010)第3.0.11条检查。

4)面层与下一层应结合牢固,且应无空鼓和开裂。当出现空鼓时,空鼓面积不应大于400cm^2,且每自然间或标准间不应多于2处。检验方法:观察和用小锤轻击检查。检查数量:按《建筑地面工程施工质量验收规范》(GB 50209—2010)第3.0.21条检查。

(2)一般项目。

1)面层表面应洁净,不应有裂纹、脱皮、麻面、起砂等缺陷。检验方法:观察检查。

2)面层表面的坡度应符合设计要求,不应有倒泛水和积水现象。检验方法:观察和采用泼水或用坡度尺检查。

3)踢脚线与柱、墙面应紧密结合,踢脚线高度及出柱、墙厚度应符合设计要求且均匀一致。当出现空鼓时,局部空鼓长度不应大于300mm,且每自然间或标准间不应多于2处。检验方法:用小锤轻击、钢尺和观察检查。

4)楼梯踏步的宽度、高度应符合设计要求。楼层梯段相邻踏步高度差不应大于10mm,每踏步两端宽度差不应大于10mm;旋转楼梯梯段的每踏步两端宽度的允许偏差为5mm。

踏步面层应做防滑处理,齿角应整齐,防滑条应顺直、牢固。检验方法:观察和用钢尺检查。

5)细石混凝土面层的允许偏差和检验方法见表1.5.5-1。

表1.5.5-1　细石混凝土面层的允许偏差和检验方法

序号	项目	允许偏差/mm	检验方法
1	表面平整度	4	用2m靠尺和楔形塞尺检查
2	踢脚线上口平直	4	拉5m线和用钢尺检查
3	缝格平直	3	

检查数量:按《建筑地面工程施工质量验收规范》(GB 50209—2010)第3.0.21条检查。

1.5.6　成品保护

(1)地面上铺设的电线管,暖、卫立管应有保护措施。地漏、出水口等部位要安放临时堵头保护,以防进入杂物造成堵塞。

(2)混凝土面层抗压强度未达到5MPa前不得在其上行人;抗压强度达到设计要求后,方可正常使用。

(3)运输材料用手推胶轮车不得碰撞门框、墙面抹灰和已完工的楼地面面层,门框宜用铁皮包住。

(4)不得在已做好的混凝土面层上,拌和混凝土或砂浆。

(5)门窗油漆不得沾污已完工的地面面层、墙面和明露的管线,否则应及时清理干净。

1.5.7　安全措施

(1)清理基层时,不允许从窗口、洞口向外乱扔杂物,以免伤人。

(2)抹砂浆操作人员应有手套,剔凿地面时要戴防护眼镜等必要的劳动保护用品。

1.5.8　施工注意事项

(1)施工环境温度不应低于5℃,否则应按冬期施工要求采取措施。

(2)面层振捣或滚压出浆后,应注意不得在其上撒干水泥面,必须撒1∶1水泥砂子干面灰刮平抹压,以免造成面层起皮和裂纹。

(3)面层施工应注意不得使用标号不够或过期水泥;配制混凝土应严格控制水灰比,坍落度不得过大,铺抹时不得漏压或欠压,养护要认真和及时,以免造成地面起砂。

(4)为了防止面层出现空鼓开裂,施工中应注意使用的砂子不能过细,基层必须清理干净,认真洒水湿润;刷水泥浆层必须均匀;铺灰间隔时间不能过长,抹压必须密实,不得漏压,并掌握好时间,养护应及时等。

(5)厕浴间、厨房等有地漏的房间要在冲筋时找好泛水,避免地面积水或倒流水。

1.5.9 质量记录

(1)各种进场原材料材质合格证明文件及检测报告。

(2)施工配合比单、施工日记及检验记录。

(3)分项工程施工质量检验记录。

1.6 现制水磨石面层施工工艺标准

现制水磨石面层系在基层上铺抹水泥石粒浆,硬化后磨光而成。这种面层具有光洁、美观、耐磨、防水、防尘、防爆,施工质量易于控制,造价相对较低等优点。本工艺标准适用于建筑装饰装修工程现制水磨石面层施工。工程施工应以设计图纸和施工质量验收规范为依据。

1.6.1 材料要求

(1)水泥。深色水磨石宜采用不低于32.5级的硅酸盐水泥、普通硅酸盐水泥或矿渣硅酸盐水泥,新鲜无结块。美术水磨石面层,应采用32.5级以上白水泥。同颜色的面层应使用同一批水泥。

(2)石粒。水磨石面层所用的石粒,应采用坚硬可磨的白云石、大理石等岩石加工而成,石粒应洁净无杂物,其粒径除特殊要求外,宜为6～15mm。

(3)砂。采用中砂,含泥量不得大于3%。

(4)颜料。采用耐光、耐碱的矿物颜料,不得使用酸性颜料,要求无结块,其掺量宜为水泥用量的3%～6%,由试验决定。同一彩色面层应使用同厂、同批的颜料。

(5)分格条。按设计要求采用。铜条厚1～1.2mm,合金铝条厚1～2mm,玻璃条厚3mm,彩色塑料条厚2～3mm,宽均为10mm,长度依分块尺寸而定,一般为1000～1200mm。铜、铝条须经调直使用,在其下部1/3处每米钻直径2mm孔,穿铁丝备用。

(6)草酸、白蜡、22号铁丝。草酸为白色结晶,块状、粉状均可。白蜡用川蜡和地板蜡成品。

1.6.2 主要机具设备

(1)机械设备。包括平面磨石机、立面磨石机、砂浆搅拌机等。

(2)主要工具。包括平铁锹、滚筒(直径一般为150mm,长800mm,重70kg左右,混凝土或铁制)、铁抹子、毛刷子、铁簸箕、筛子、水平尺、木刮杠、粉线包、靠尺、60～240号油石、胶皮水管、水桶、扫帚、钢丝刷、铁錾、手推胶轮车等。

1.6.3 作业条件

(1)顶棚、墙面抹灰已经完成并已验收;门框已经立好并加防护;各种管线已埋设完毕,地漏口已经遮盖。

(2)混凝土垫层已浇筑完毕，按标高留出水磨石底灰和面层厚度，并经养护达到 5MPa 以上强度。

(3)工程材料已经备齐，运到现场，经检查质量符合要求。数量可满足连续作业的需要。

(4)为保证色彩均匀，同颜色的面层应使用同厂、同批水泥与颜料，按工程大小一次配够，干拌均匀过筛成为色灰，装袋扎口、防潮，堆放在仓库备用。

(5)石粒应分别过筛，去掉杂质并洗净晾干备用。

(6)在墙面上弹好或设置控制面层标高和排水坡度的水平基准线或标志。

(7)彩色水磨石当使用白色水泥掺色粉配制时，应事先按不同的配比做出样板，供设计和建设单位选定。

(8)根据设计图纸要求，编制详细施工方案并经审批，对施工操作人员进行技术交底。

1.6.4 施工操作工艺

工艺流程：基层处理→浇水湿润→拌制底灰→冲筋及踢脚板找规矩→铺抹底灰→弹分格线→镶嵌分格条→涂刷结合层→铺抹石粒浆→滚压密实→铺抹压平→试磨→粗磨→细磨→磨光→草酸清洗→打蜡抛光。

(1)基层处理。检查基层的平整度和标高，超出要求的应进行处理。将混凝土基层上的杂物清净，不得有油污、浮土。用钢錾子和钢丝刷将沾在基层上的水泥浆皮錾掉铲净。

(2)浇水湿润。地面抹灰前一天，将垫层浇水湿润；在铺灰前，在垫层上刷 1∶0.5 素水泥浆一遍，以增强与底灰的粘结。

(3)拌制底灰。底灰用 1∶3 水泥砂浆打底，厚 10～15mm，铺时先用铁抹子将灰在冲筋间摊平拍实，用 2m 木刮杠刮平，用木抹搓平，做成毛面，再用 2m 靠尺检查底灰表面平整度。踢脚板铺底灰分两次装档，先将灰用铁抹子压实一薄层，再与筋面抹平、压实，用短刮杠刮平，用木抹子搓成麻面并划毛。

(4)冲筋。地面底灰冲筋，根据墙上＋500mm 水平线，下反尺量至地面标高，留出面层厚度，沿墙边拉线做灰饼，并用干硬性砂浆冲筋，冲筋间距一般为 1～1.5m；有地漏的地面，应按设计要求找坡，一般由排水方向找 0.5%～1%的泛水坡度。踢脚板找规矩：根据墙面抹灰厚度，在阴阳角处套方、量尺、拉线确定踢脚板厚度，按底层灰的厚度冲筋，间距为 1.5m。

(5)铺抹底灰。在铺灰前，在基层上刷 1∶0.5 水泥素浆。

1)按底灰标高冲筋后，跟着装档，先用铁抹子将灰摊平拍实，用 2m 刮杠刮平，随即用木抹搓平，用 2m 靠尺检查底灰上表面平整度。

2)踢脚板冲筋后，分两次装档，第一次将灰用铁抹子压实一薄层，第二次与筋面取平，压实用短刮杠刮平，用木抹搓成麻面并划毛。

(6)弹分格线。根据设计要求的分格尺寸，一般采用 1m×1m。在房间中部弹十字线，计算好周边的镶边宽度后，以十字线为准可弹分格线。设计有图案要求时，应按设计要求弹出清晰的线条。

(7)镶嵌分格条。

1)镶边格条按弹线用稠水泥浆把嵌条粘立固定,抹成八字形(见图 1.6.4-1)。嵌条应先粘一侧,再粘另一侧,嵌条为铜、铝料时,应用长 60mm 的 22 号铁从嵌条孔中穿过,并埋固在水泥浆中,水泥浆粘贴高度应比嵌条顶面低 4～6mm,并做成 45°。

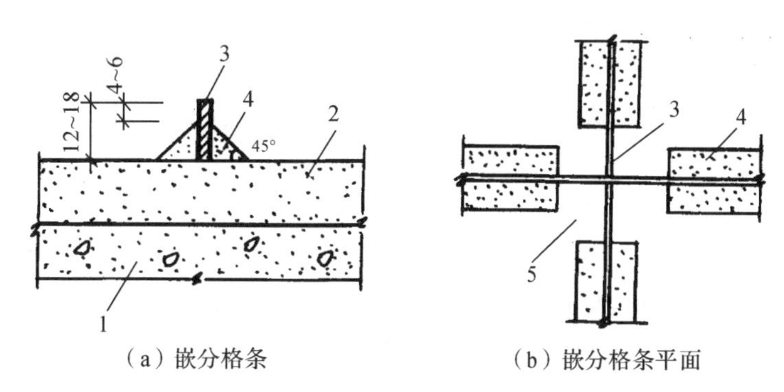

1—混凝土垫层;2—水泥砂浆底灰;3—分格条;4—素水泥浆;
5—40～50mm 内不抹素水泥浆区

图 1.6.4-1　嵌分格条方法

2)分格条应粘贴牢固、平直,接头严密,应用靠尺板比齐,使上平一致,作为铺设面层的标志,并应拉 5m 通线检查垂直度,其偏差不得超过 1mm。

3)镶条后 12h 开始浇水养护,不少于 2d。并严加保护,防止碰坏。

(8)清理湿润基层。

1)将基层浮浆、浮泥、油污、灰渣、玻璃碴等认真清理干净,必要时可适当凿毛或用钢丝刷刷干净。

2)铺石粒浆前 1d,喷水使基层充分湿润,但不得有积水。

(9)涂刷结合层。在基层表面上刷一道与面层水泥颜色相同的、水灰比为 0.4～0.5 的水泥浆结合层,一次刷浆面积不可过大,应随刷随铺石粒浆,两者紧密配合。

(10)铺抹石粒浆。

1)地面石粒浆配合比为 1∶1.5～1∶2.5(水泥∶石粒,体积比);踢脚板配合比为 1∶1～1∶1.5(水泥∶石粒)。要求计量准确,拌和均匀,厚度除特殊要求外,一般为 12～18mm,稠度不得大于 60mm。美术水磨石应加色料,颜料均以水泥重量的百分数计,事先调配好过筛装袋备用。

2)地面铺抹时,将抹好的石粒浆倒入分格框中,用铁抹子把石粒浆由中间向四面摊铺,用刮尺刮平后,抹平压实。分格条两边及交角处要特别注意拍平压实。铺抹厚度以拍实压平后高出分格条 2mm 为宜。整平后如发现有石粒过稀处,可在表面上再适当撒一层石粒,过密处可适当剔除一些石粒,使表面石子显露均匀,无缺石子现象,接着用滚子进行滚压。

3)踢脚板抹石粒浆面层,凸出墙面厚约 8mm,所用石粒宜稍小,铺抹时,先将底子灰用水湿润,在阴阳角及上口,用靠尺按水平线找好规矩,贴好靠尺板,涂刷素水泥浆一遍后,随即将踢脚板石粒浆上墙、抹平、压实;刷水两遍将水泥浆轻轻刷去,达到石子面上无浮浆,但勿刷得过深,以防石粒脱落。

(11)滚压密实。

1)地面面层滚压应从横竖两个方向轮换进行。滚压前应将嵌条顶面的石粒清掉，在低洼处撒拌和好的石渣浆找平。

2)滚压时用力应均匀，防止压倒或压坏分格条，注意嵌条附近浆多石粒少时，要随手补上。滚压到表面平整、泛浆且石粒均匀排列为止。

(12)铺抹压平。

1)待石粒浆收水(约 2h)后，用铁抹子将滚压波纹抹平压实。如发现有石粒过稀处，仍要补撒石子抹平。

2)石粒罩面完成后，于次日进行浇水养护，常温时为 5～7d。

(13)试磨。

1)水磨石面层开磨前应进行试磨，以石粒不松动为准，经检查确认可磨后，方可正式开磨。一般开磨时间可参考表 1.6.4-1，亦可用回弹仪现场测定石粒浆面层的强度，一般达到 10～13MPa 时，可开始初磨。

表 1.6.4-1　开磨时间参考

平均气温/℃	开磨时间/d	
	机磨	人工磨
20～30	2～3	1～2
10～20	3～4	1.5～2.5
5～10	5～6	2～3

2)应根据事前准备的磨石机数量和能力，确定每次铺石粒浆的面积，以求在强度不至过高前粗磨完毕。

(14)粗磨(磨头遍)。

1)粗磨用 60～90 号粗金刚石磨，磨石机在地面上以横“8”字形移动，边磨边加水，随时清扫磨出的水泥浆，并用靠尺不断检查磨石的平整度，直至表面磨平、磨匀，全部显露出嵌条与石粒后，再清理干净。

2)待稍干再满涂同色水泥浆一道(第一遍)，以填补砂眼和细小的凹痕，脱落的石粒应补齐，养护后再磨。注意不同磨面不得混色；当面层较硬时，可在磨盘下撒少量过 2mm 筛的细砂，以加快磨光速度。

(15)细磨(磨第二遍)。

1)细磨应在粗磨结束并待第一遍水泥浆养护 2～3d 后进行。

2)使用 90～120 号金刚石磨，机磨方法同头遍，磨至表面光滑后，同样清洗干净，再满涂第二遍水泥浆一遍，然后养护 2～3d。

(16)磨光(磨第三遍)。

1)第三遍磨光应在细磨结束养护后进行。

2)使用 180～240 号金刚石磨，机磨方法同头遍，磨至表面平整光滑，石子显露均匀，无细孔磨痕为止。

3)边角等磨石机磨不到之处;用人工手磨。

4)必要时,可再涂第三遍水泥浆增磨一遍,此时应用240~300号油石磨光。

(17)草酸清洗。

1)热水溶化草酸(1∶0.35,重量比),冷却后在擦净的面层上用揩布均匀涂抹。每涂一段用240~300号油石磨出水泥及石粒本色,再冲洗干净,用棉纱或软布擦干。

2)亦可采取在经细油石出光后,在表面撒草酸粉洒水,经油石进行擦洗,露出面层本色,再用清水洗净,撒锯末扫干。

(18)踢脚板磨光、打草酸。踢脚板石粒浆罩面,常温经24h后,即可用手工方法或用立面磨石机操作,头遍用粗油石,先竖磨,再横磨,应石粒磨平,阴阳角倒圆,擦头遍素浆,养护1~2d后,再用细油石磨第二遍,用同样方法再磨完第三遍,用油石出光打草酸。抹石粒浆及研磨均可与地面或楼面同时施工,工序相同。

(19)打蜡抛光。

1)酸洗后的水磨石面,应经晾干擦净。

2)地板蜡有成品供应,自制时,将蜡、煤油按1∶4的重量比放入桶内加热、熔化(约120~130℃),再掺入适量松香水后调成稀糊状,凉后即可使用。

3)用布或干净麻丝沾蜡薄薄均匀涂在水磨石面上,待蜡干后,用包有麻布或细帆布的木块代替油石,装在磨石机的磨盘上进行磨光,直到水磨石表面光滑洁亮为止。高级水磨石应打二遍蜡,抛光两遍。

4)踢脚板用人工涂蜡、擦磨,二遍出光成活。

(20)高级水磨石研磨和抛光。

1)研磨可概括为"五浆五磨",即在普通水磨石面层"两浆三磨"后,增加三浆两磨,应分别使用60号至300号油石,共计磨五遍。当第五遍研磨结束,补涂的水泥浆养护2~3d后,方可进行抛光。

2)抛光应分七道工序完成,使用油石规格依次为:400号、600号、800号、1000号、1200号、1600号和2500号。

1.6.5 质量标准

(1)主控项目。

1)水磨石面层的石粒,应采用坚硬可磨白云石、大理石等岩石加工而成,石粒应洁净无杂物,其粒径除特殊要求外应为6~15mm;水泥强度等级不应小于32.5;颜料应采用耐光、耐碱的矿物原料,不得使用酸性颜料。检验方法:观察检查和检查材质合格证明文件。

2)水磨石面层拌和料的体积比应符合设计要求,且为1∶1.5~1∶2.5(水泥∶石粒)。检验方法:检查配合比试验报告。

3)防静电水磨石面层应在施工前及施工完成表面干燥后进行接地电阻和表面电阻检测,并应做好记录。检验方法:检查施工记录和检测报告。

4)面层与下一层结合应牢固,且应无空鼓、裂纹。当出现空鼓时,空鼓面积不应大于400cm^2,且每自然间或标准间不应多于2处。检验方法:观察和用小锤轻击检查。

(2)一般项目。

1)面层表面应光滑;且应无裂纹、砂眼和磨纹;石粒密实,显露均匀;颜色图案一致,不混色;分格条牢固、顺直和清晰。检验方法:观察检查。

2)踢脚线与柱、墙面应紧密结合,踢脚线高度及出柱、墙厚度应符合设计要求且均匀一致。当出现空鼓时,局部空鼓长度不应大于 300mm,且每自然间或标准间不应多于 2 处。检验方法:用小锤轻击、钢尺和观察检查。

3)楼梯踏步的宽度、高度应符合设计要求。楼层梯段相邻踏步高度差不应大于 10mm,每踏步两端宽度差不应大于 10mm;旋转楼梯梯段的每踏步两端宽度的允许偏差不应大于 5mm。踏步面层应做防滑处理,齿角应整齐,防滑条应顺直、牢固。检验方法:观察和用钢尺检查。

4)水磨石面层的允许偏差和检验方法见表 1.6.5-1。

表 1.6.5-1 水磨石面层的允许偏差和检验方法

序号	项目	允许偏差/mm		检验方法
		普通水磨石面层	高级水磨石面层	
1	表面平整度	3	2	用 2m 靠尺和楔形塞尺检查
2	踢脚线上口平直	3	3	拉 5m 线和用钢尺检查
3	缝格平直	3	2	

1.6.6 成品保护

(1)铺抹打底灰和罩面石粒浆时,水电管线、各种设备及预埋件应妥加保护,不得污染和损坏。

(2)用手推胶轮车运料时注意保护门口、栏杆、墙面抹灰等,不得碰撞损坏。

(3)面层装料等应细心操作,不得碰坏分格条。

(4)磨石机应设罩板,防止浆水回溅污染墙面及设施等,重要部位及设备应加覆盖。

(5)磨石废浆应有组织排放,及时清除,不得排入下水口、地漏内,以防造成堵塞。

(6)在水磨石面层磨光后涂草酸和上蜡前,其表面严禁污染。涂草酸和上蜡工作,应在有影响面层质量的其他工程全部完成后进行。

(7)已磨光打蜡的面层,严禁在其上拌制石粒浆、抛掷物件、运输堆放材料,必要时,应采取覆盖、隔离等措施,以防止损伤面层。

1.6.7 安全措施

(1)磨石机在使用前应试机检查,确认电线接头牢固、无漏电,才能使用;开磨时磨机电线、配电箱应架空绑牢,以防受潮漏电。磨石机应设置触电保安器和可靠的保护接零。

(2)磨石机操作人员必须持证上岗,工作时应穿高筒绝缘胶靴,戴绝缘胶皮手套,并经常进行有关机电设备安全操作教育。

(3)两台以上磨石机在同一部位操作,应保持 3m 以上安全距离。

(4)熬制上光蜡时,应有可靠的防火措施。

(5)其他安全措施与第1.4.7节水泥砂浆面层安全措施相同。

1.6.8　施工注意事项

(1)冬期施工现制水磨石面层时,环境温度不应低于5℃;冬期抹底时,不得浇水养护;要严格控制开磨时间。正常温度条件下,底灰的养护时间达到3～5d、面层石粒灰的养护时间达到10d后方可磨光。

(2)水磨石面层在同一部位应使用同一批号的水泥、石粒,同一彩色面层应使用同厂、同批的颜料,以避免造成颜色深浅不一。

(3)几种颜色的石粒浆应注意不可同时铺抹,要先抹深色的,后抹浅色的;先做大面,后做镶边;待前一种凝固后,再铺后一种,以免做成串色,界限不清,影响质量。

(4)水磨石面层四角常易出现空鼓,产生的主要原因是基层不干净,不够湿润;表面及镶分格条时,条高1/3以上部位有浮灰,扫浆不匀等。操作中应坚持随扫浆随铺灰,压实后应注意养护工作。

(5)水磨石面层机磨后总有些洞孔产生,一般均用补浆方法,即磨光后用清水冲干净,用较浓的水泥浆(如对于彩色磨石面,应用同颜色颜料加水泥擦抹)将洞眼擦抹密实,待硬化后磨光;普通水磨石面层用“二浆三磨”法,即整个过程磨光三次擦浆二次。如果为图省事少擦抹一次,或用扫帚扫而不是擦抹或用稀浆等,就易造成面层有小孔洞(另外若擦浆后未硬化就进行磨光,也易把洞孔中灰浆磨掉)。

(6)面层嵌分格条时必须注意做到镶嵌牢固、平整,石粒浆铺抹后高出分格条的高度一致,磨光应严格掌握平顺均匀,以防出现分格条掀起、显露不清晰和表面不够平整等缺陷。

(7)露天做水磨石面层,宜从下坡向上坡方向铺设,但应注意防止下坡方向嵌条处积水或积水泥浆,如有,应进行处理,以避免打磨时出现洞眼孔隙,导致面层出现起鼓、嵌条松动等质量隐患。

(8)露天水磨石面层应与四周房屋、构筑物或路面设置的变形缝断开,以防止因温差大,而造成面层出现温度收缩裂缝。

(9)露天水磨石面层应避免在烈日下或雨天、大风天铺设,以免引起面层出现收缩裂缝,铺设后应及时遮盖养护。

(10)边角、炉片、管根等处易漏磨,应注意磨完头遍后全面检查,漏磨处及时补磨。面层磨光时,应注意按工艺至少擦两遍浆,并注意养护后按工艺程序操作,以避免出现磨纹和砂眼。

(11)石粒规格不好,石粒灰拌和不匀,铺抹不平,滚压不密实合造成面层石粒不匀。应认真操作每道工序。

(12)严格掌握配合比,拌和均匀,拌和好的灰应掌握铺抹滚压时间,注意养护及管理。

1.6.9　质量记录

(1)原材料出厂检验报告和质量合格文件,材料进场抽样检验报告。

(2)配合比通知单和检测报告。

(3)磨石面层分项工程质量评定资料。

1.7 预制板块面层施工工艺标准

本工艺标准适用于建筑装饰装修工程楼地面采用预制板块作为面层,在结合层上进行铺设施工。工程施工应以设计图纸和施工质量验收规范为依据。

1.7.1 材料要求

(1)水泥。宜采用硅酸盐水泥、普通硅酸盐水泥或矿渣硅酸盐水泥,其强度等级应在32.5级以上;不同品种、不同强度等级的水泥严禁混用。

(2)预制板块面层。强度等级、规格、质量、色泽、图案均应符合设计要求。

(3)砂。应选用中砂或粗砂,含泥量不得大于3%。

1.7.2 主要机具设备

主要机具设备包括云石机、手推车、计量器、筛子、木耙、铁锹、大桶、小桶、钢尺、水平尺、小线、胶皮锤、木抹子、铁抹子等。

1.7.3 作业条件

(1)材料检验已经完毕并符合要求。

(2)应对所覆盖的隐蔽工程进行验收且合格,并进行隐检会签。

(3)施工前,应做好水平标志,以控制铺设的高度和厚度,可采用竖尺、拉线、弹线等方法。

(4)对所有作业人员已进行技术交底,特殊工种必须持证上岗。

(5)竖向穿过地面的立管已安装完成,并装有套管。如有防水层,基层和构造层已找坡,管根已做防水处理。

(6)门口框已安装到位,并通过验收。

(7)基层清洁,缺陷已处理完成,并做隐蔽验收。

(8)作业时的环境如天气、温度、湿度等状况应满足施工质量要求。

(9)根据设计图纸要求,编制详细施工方案并经审批,对施工操作人员进行技术交底。

1.7.4 施工操作工艺

工艺流程:找标高→基底处理→排预制板块→铺抹结合层砂浆→铺预制板块→养护→勾缝。

(1)找标高。根据水平标准线和设计厚度,在四周墙、柱上弹出面层的上平标高控制线。

(2)基底处理。用錾子或钢丝刷清理沾在基层上的浮浆、落地灰等,再用扫帚将浮土清扫干净。

(3)排预制板块。依照预制板块的尺寸,排出预制板块的放置位置,并在地面上弹出十字控制线和分格线。

(4)铺设结合层砂浆。铺设前应将基底湿润,并在基底上刷一道素水泥浆或界面结合剂,随刷随铺设搅拌均匀的干硬性水泥砂浆。

(5)铺预制板块。将预制板块放置在干拌料上,用橡皮锤找平,之后将预制板块拿起,在干拌料上浇适量素水泥浆,同时在预制板块背面涂厚度约 1mm 的素水泥膏,再将预制板块放置在找过平的干拌料上,用橡皮锤按标高控制线和方正控制线坐平坐正。铺预制板块面层时应先在房间中间按照十字线铺设十字控制面层,之后按照十字控制面层向四周铺设,并随时用 2m 靠尺和水平尺检查平整度。大面积铺贴时,应分段、分部位铺贴。如设计有图案要求,应按照设计图案弹出准确分格线,并做好标记,防止差错。

(6)养护。养护时间不得小于 7d。

(7)勾缝。当预制板块面层结合层的强度达到可上人的时候(结合层抗压强度达到 1.2MPa),进行勾缝,用同种、同强度等级、同色的掺色水泥膏或专用勾缝膏。颜料应使用矿物颜料,严禁使用酸性颜料。缝应清晰、顺直、平整、光滑、深浅一致,缝色与板材颜色一致。

1.7.5 质量标准

(1)主控项目。

1)预制板块面层所用面层材料应符合设计要求和国家现行有关标准。检验方法:观察检查和检查型式检验报告、出厂检验报告、出厂合格证。检查数量:按同一工程、同一材料、同一生产厂家、同一型号、同一规格、同一批号检查一次。

2)预制板块面层所用面层产品进入施工现场时,应有放射性限量合格检验报告。检验方法:检查检验报告。检查数量:按同一工程、同一材料、同一生产厂家、同一型号、同一规格、同一批号检查一次。

3)面层与下一层应结合牢固,无空鼓(单块面层边角允许有局部空鼓,但每自然间或标准间的空鼓面层不应超过总数的 5%)。检验方法:用小锤轻击检查。检查数量:按《建筑地面工程施工质量验收规范》(GB 50209—2010)第 3.0.21 条检查。

(2)一般项目。

1)预制板块面层表面无裂纹、缺楞、掉角、翘曲等明显缺陷。

2)预制板块面层应平整洁净,图案清晰,色泽一致,接缝平整,周边顺直,镶嵌正确。面层邻接处的镶边用料应符合设计要求,边角应整齐、光滑。

3)踢脚线表面应洁净,与柱、墙面的结合应牢固。踢脚线高度及出墙厚度均匀一致。

4)楼梯、台阶踏步面层的宽度、高度应符合设计要求;踏步面层的缝隙宽度应一致,楼层梯段相邻踏步高度差不应大于 9mm;每踏步两端宽度差不应大于 9mm,旋转楼梯梯段的每踏步两端宽度差不应大于 5mm,踏步面层应做防滑处理,防滑条应顺直、牢固。

5)预制板块面层的允许偏差应符合《建筑地面工程施工质量验收规范》(GB 50209—

2010)表 6.1.8 的规定。

检验方法:观察检查和检查材质合格证明文件,同《建筑地面工程施工质量验收规范》(GB 50209—2010)的检验方法及其中表 6.1.8 的规定。

检查数量:按同一工程、同一体积比检查一次。

1.7.6 成品保护

(1)施工时应注意对定位定高的标准杆、尺、线的保护,不得触动、移位。

(2)对所覆盖的隐蔽工程要有可靠保护措施,不得因浇筑砂浆造成漏水、堵塞、破坏或降低等级。

(3)预制板块面层完工后,在养护过程中应进行遮盖、拦挡和湿润,不应少于 7d。水泥砂浆结合层的抗压强度达到设计要求后,方可正常使用。

(4)后续工程在预制板块面层上施工时,必须进行遮盖、支垫,严禁直接在预制板块面层面上动火、焊接、和灰、调漆、支铁梯、搭脚手架等;进行上述工作时,必须采取可靠保护措施。

1.7.7 安全措施

(1)移动式电动机械和手持电动工具的单相电源线必须使用三芯软橡胶电缆,三相电源线必须使用四芯软橡胶电缆;接线时,缆线护套应穿进设备的接线盒内并予以固定。

(2)电动机具的操作开关应置于操作人员伸手可及的部位,当下班或作业中停电时,应切断电源。

(3)电动机具控制电源箱必须安装漏电保护器,如发现问题则立即修理。

(4)在施工过程中应防止噪声污染,在施工场界噪声敏感区域宜选择使用低噪声的设备,或采取其他降低噪声的措施。

(5)废弃物应按环保要求分类堆放及回收。

1.7.8 施工注意事项

(1)应连续进行,尽快完成。夏季防止暴晒,冬季应有保温防冻措施,防止受冻;在雨、雪、低温、强风条件下,在室外或露天不宜进行预制板块面层作业。

(2)面层空鼓。

1)底层未清理干净,未能洒水湿润透,影响面层与下一层的粘结力,造成空鼓。

2)刷素水泥浆不到位或未能随刷随抹灰,造成砂浆与素水泥浆结合层之间的粘结力不够,形成空鼓。

3)养护不及时,水泥收缩过大,形成空鼓。

(3)凡检验不合格的部位,均应返修或返工纠正,并制定纠正措施,防止再次发生。

1.7.9 质量记录

(1)材质合格证明文件、性能检测报告及水泥复试记录。

(2)预制板块面层分项工程质量验收评定记录。

(3)所覆盖部位的隐蔽工程验收记录。

1.8　砖面层施工工艺标准

建筑地面面层的作用是保护地面使其免受因直接承受各种外力和化学腐蚀作用而造成的破坏。本施工工艺标准所指砖面层，即采用陶瓷锦砖、缸砖、陶瓷地砖和水泥花砖，在结合层上铺设而成。本工艺标准适用于建筑装饰装修工程砖面层施工。工程施工应以设计图纸和施工质量验收规范为依据。

1.8.1　一般规定

(1)建筑地面工程采用的材料应按设计要求和《建筑地面工程施工质量验收规范》(GB 50209—2010)的规定选用，并应符合国家标准的规定；进场材料应有中文质量合格证明文件、规格、型号及性能检测报告，对重要材料应有复验报告。

(2)铺设砖面层的结合层和面层间的填缝采用水泥砂浆，应符合下列规定。

1)配制水泥砂浆应采用硅酸盐水泥、普通硅酸盐水泥或矿渣硅酸盐水泥；其水泥强度等级不宜小于 32.5 级。

2)配制水泥砂浆的砂应符合国家现行行业标准《普通混凝土用砂、石质量及检验方法标准》(JGJ 52—2006)的规定。

3)配制水泥砂浆的体积比(或强度等级)应符合设计要求。

(3)结合层和砖面层填缝的胶结材料应符合国家现行有关产品标准和设计要求。

(4)砖面层的铺设应符合设计要求，当设计无要求时，宜避免出现面层小于 1/3 边长的边角料；高级装修时，宜避免出现面层小于 1/2 边长的边角料。

(5)铺设砖面层时，其水泥类基层的抗压强度不得小于 1.2MPa。铺设水泥花砖、陶瓷锦砖、陶瓷地砖、缸砖的结合层和填缝的水泥砂浆，在面层铺设后，表面应覆盖、湿润，其养护时间不应少于 7d。

当砖面层的水泥砂浆结合层的抗压强度达到设计要求时，方可正常使用。

(6)厕浴间和有防滑要求的建筑地面的地砖应符合设计要求。

(7)砖面层踢脚线施工时，不得采用混合砂浆打底。

(8)有防腐蚀要求的砖面层采用的耐酸瓷砖、浸渍沥青砖、缸砖的材质、铺设以及施工质量验收应符合现行国家标准《建筑防腐蚀工程施工规范》(GB 50212—2014)的规定。

(9)在水泥砂浆结合层上铺贴缸砖、陶瓷地砖和水泥花砖面层时，应符合下列规定。

1)在铺贴前，应对砖的规格尺寸、外观质量、色泽等进行预选，浸水湿润晾干待用。

2)勾缝和压缝应采用同品种、同强度等级、同颜色的水泥，并做养护和保护。

(10)在水泥砂浆结合层上铺贴陶瓷锦砖面层时，砖底面应洁净，每联陶瓷锦砖之间、与结合层之间以及墙角、镶边、靠墙处，应紧密贴合。靠墙处不得采用砂浆填补。

(11)在胶结料结合层上铺贴缸砖面层时,缸砖应干净,铺贴时应摊铺胶结料,并在胶结料凝结前完成。

1.8.2 材料要求

(1)采用硅酸盐水泥、普通硅酸盐水泥或矿渣硅酸盐水泥,强度等级不宜低于32.5级。应有出厂证明和复试报告,若出厂超过三个月,应做复试并按试验结果使用。

(2)采用洁净无有机杂质的中砂或粗砂,含泥量不大于3%。不得使用有冰块的砂子。并应符合国家现行行业标准《普通混凝土用砂、石质量及检验方法标准》(JGJ 52—2006)的规定。

(3)缸砖有出厂合格证,抗压、抗折强度及规格尺寸均符合设计要求,外观颜色一致、表面平整,无翘曲、凹凸不平现象。

(4)水泥花砖、陶瓷地砖有出厂合格证,抗压、抗折强度符合设计要求,其规格品种按设计要求选配,边角整齐,表面平整光滑,无翘曲及窜角现象。

(5)陶瓷锦砖进场后应拆箱检查颜色、规格、形状、粘贴的质量等是否符合设计要求和有关标准的规定。

(6)草酸、火碱等均有出厂合格证。采用胶粘剂在结合层上粘结砖面层,胶粘剂应符合国家现行标准《民用建筑工程室内环境污染控制标准》(GB 50325—2020)的规定。结合层材料如采用沥青胶结料,其标号和技术指标应符合设计要求,并应有出厂合格证和复试报告。

1.8.3 主要机具设备

(1)电动机械。包括砂浆搅拌机、手提电动云石锯、小型台式砂锯等。

(2)主要工具。包括磅秤、铁板、小水桶、半截大桶、扫帚、平锹、铁抹子、大杠、中杠、小杠、筛子、窗纱筛子、窄手推车、钢丝刷、喷壶、锤子、橡皮锤、凿子、溜子、方尺、铝合金水平尺、粉线包、盒尺、红铅笔、工具袋等。

1.8.4 作业条件

(1)墙面抹灰及墙裙做完。

(2)内墙面弹好水准基准墨线(如:+500mm或+1000mm水平线)并校核无误。

(3)门窗框要固定好,并用1∶3水泥砂浆将缝隙堵塞严实。铝合金门窗框边缝所用嵌塞材料应符合设计要求。且应塞堵密实并事先粘好保护膜。

(4)门框保护好,防止手推车碰撞。

(5)穿楼地面的套管、地漏做完,地面防水层做完,并完成蓄水试验办好检验手续。

(6)按面砖的尺寸、颜色进行选砖,并分类存放备用,做好排砖设计。

(7)大面积施工前应先放样并做样板,样板完成后必须经鉴定合格后方可按样板要求大面积施工。

(8)熟悉图纸,了解工程做法和设计要求,制订详细的施工方案,并已向施工队伍做详尽的技术交底。

(9)各种进场原材料规格、品种、材质等符合设计要求,质量合格证明文件齐全,进场后进行相应验收,需复试的原材料进场后必须进行相对应复试检测,合格后方可使用;并有相应施工配合比通知单。

(10)做好基层(防水层)等隐蔽工程验收记录。

1.8.5 施工操作工艺

工艺流程:基层处理→找面层标高、弹线→抹找平层砂浆→弹铺砖控制线→铺砖→勾缝、擦缝→养护→镶贴踢脚板。

(1)基层处理。将混凝土基层上的杂物清理掉,并用錾子剔掉楼地面超高、墙面超平部分及砂浆落地灰,用钢丝刷刷净浮浆层。如基层有油污,应用10%火碱水刷净,并用清水及时将其上的碱液冲净。

(2)找面层标高、弹线。根据墙上的+50cm(或1m)水平标高线,往下量测出面层标高,并弹在墙上。

(3)抹找平层砂浆。

1)洒水湿润。在清理好的基层上,用喷壶将地面基层均匀洒水一遍。

2)抹灰饼和冲筋。从已弹好的面层水平线下量至找平层上皮的标高(面层标高减去砖厚及粘结层的厚度),抹灰饼间距为1.5m,灰饼上平面就是水泥砂浆找平层的标高,然后从房间一侧开始抹冲筋(又叫标筋)。有地漏的房间,应由四周向地漏方向放射形抹冲筋,并找好坡度。抹灰饼和冲筋应使用干硬性砂浆,厚度不宜少于20mm。

3)装档(即在冲筋间装铺水泥砂浆)。清净抹冲筋的剩余浆渣,涂刷一遍水泥浆(水灰比例为0.4～0.5)粘结层,要随涂刷随铺砂浆。然后根据冲筋的标高,用小平锹或木抹子将已拌和的水泥砂浆(配合比为1∶3～1∶4)铺装在冲筋之间,用木抹子摊平、拍实,用小木杠刮平,再用木抹子搓平,使铺设的砂浆与冲筋找平,并用大木杠横竖检查其平整度,同时检查其标高和泛水坡度是否正确,24h后浇水养护。

(4)弹铺砖控制线。当找平层砂浆抗压强度达到1.2MPa时,开始上人弹砖的控制线。预先根据设计要求和砖面层规格尺寸,确定面层铺砌的缝隙宽度,当设计无规定时,紧密铺贴缝隙宽度不宜大于1mm,虚缝铺贴缝隙宽度宜为5～10mm。

在房间分中,从纵、横两个方向排尺寸,当尺寸不足整砖倍数时,将非整砖排在靠墙边处,纵向(垂直门口)应在房间内分中,非整砖对称放在两墙边处,尺寸不小于整砖边长的1/2。根据已确定的砖数和缝宽,在地面上弹纵、横控制线(每隔4块砖弹一根控制线)。

(5)铺砖。为了找好位置和标高,应从门口开始,纵向先铺2～3行砖,从此为冲筋拉纵横水平标高线,铺时应从里向外退着操作,人不得踏在刚铺好的砖面上,每块砖应跟线,操作程序如下。

1)铺砌前将砖面层放入半截水桶中浸水湿润,晾干后表面无明水时,方可使用。

2)找平层上洒水湿润,均匀涂刷素水泥浆(水灰比为0.4～0.5),涂刷面积不要过大,铺多少刷多少。

3)结合层的厚度。如采用水泥砂浆时应为20～30mm,采用胶结料铺设时应为2～

5mm，采用胶粘剂铺设时应为 2～3mm。

4)结合层组合材料拌和。采用胶结材料和胶粘剂时，除了按出厂说明书操作外还应经试验室试验后确定配合比，拌和要均匀，不得有灰团，一次拌和不得太多，并在要求的时间内用完。使用水泥砂浆结合层时，配合比宜为 1∶2.5(水泥∶砂)干硬性砂浆，应随拌随用，初凝前用完，防止影响粘结质量。

5)铺砌时，砖的背面上抹粘结砂浆，铺砌到已刷好的水泥浆找平层上，砖上楞略高出水平标高线，找正、找直、找方后，砖上面垫木板，用橡皮锤拍实，从内退着往外铺砌，做到面砖砂浆饱满、相接紧密、坚实，与地漏相接处，用砂轮锯将砖加工成与地漏相吻合。铺地砖时最好一次铺一间，大面积施工时，应采取分段、分部位铺砌。

6)拨隙、修整。铺完 2～3 行，应随时拉线检查缝格的平直度，如超出规定应立即修整；将缝拨直，并用橡皮锤拍实。此项工作应在结合层凝结之前完成。

(6)勾缝、擦缝。面层铺贴应在 24h 内进行擦缝、勾缝工作，并应采用同品种、同强度等级、同颜色的水泥。宽缝在 8mm 以上，采用勾缝。若为干挤缝，或小于 3mm 者，应用擦缝。

1)勾缝。用 1∶1 水泥细砂浆勾缝，勾缝用砂应用窗纱过筛，要求缝内砂浆紧密、平整、光滑，勾好后要求缝成圆弧形，凹进面砖外表面 2～3mm。随勾随将剩余水泥砂浆清走、擦净。

2)擦缝。如设计要求不留缝隙或缝隙很小，则要求接缝平直，在铺实修整好的砖面层上用浆壶往缝内浇水泥浆，然后用干水泥撒在缝上，再用棉纱团擦揉，将缝隙擦满。最后将面层上的水泥浆擦干净。

(7)养护。铺完砖 24h 后，洒水养护，时间不少于 7d。

(8)镶贴踢脚板。踢脚板用砖，一般采用与地面块材同品种、同规格、同颜色的材料，踢脚板的立缝应与地面缝对齐，铺设时应在房间墙面两端头阴角处各镶贴一块砖，出墙厚度和高度应符合设计要求，以此砖上楞为标准挂线，开始铺砖，砖背面朝上抹粘结砂浆(配合比为 1∶2 水泥砂浆)，使用砂浆粘满整块砖为宜，及时粘贴在墙上，砖上楞要清擦干净(在粘贴前，砖块材要浸水晾干，墙面刷水湿润)。

1.8.6 质量标准

(1)一般规定。

1)在铺设前应对砖的规格尺寸、外观质量、色泽等进行预选，需要时，浸水湿润晾干待用。勾缝和压缝应采用同品种、同强度等级、同颜色的水泥，并做养护和保护。

2)在水泥砂浆结合层上铺贴陶瓷锦砖面层时，砖底面应洁净；每联陶瓷锦砖之间、与结合层之间以及在墙角、镶边和靠柱、墙处应紧密贴合。在靠柱、墙处不得采用砂浆填补。

3)在胶结料结合层上铺贴缸砖面层时，缸砖应干净，铺贴应在胶结料凝结前完成。

(2)主控项目。

1)砖面层所用的面层产品、质量应符合设计要求和国家现行有关标准的规定。检验方法：观察检查和检查型式检验报告、出厂检验报告、出厂合格证。检查数量：按同一工程、同一材料、同一厂家、同一型号、同一规格、同一批号检查一次。

2)砖面层所用面层产品进入施工现场时,应有放射性限量合格的检测报告。检验方法:检查检测报告。检查数量:按同一工程、同一材料、同一厂家、同一型号、同一规格、同一批号检查一次。

3)面层与下一层的结合(粘结)应牢固,无空鼓(单块砖边角允许有局部空鼓,但每自然间或标准间的空鼓砖不应超过总数的5%)。检验方法:用小锤轻击检查。检查数量:按《建筑地面工程施工质量验收规范》(GB 50209—2010)第3.0.21条检查。

(3)一般项目。

1)砖面层的表面应洁净、图案清晰,色泽一致,接缝平整,深浅一致,周边顺直。面层无裂纹、掉角和缺楞等缺陷。检验方法:观察检查。

2)面层邻接处的镶边用料及尺寸应符合设计要求,边角整齐、光滑。检验方法:观察和用钢尺检查。

3)踢脚线表面应洁净,与柱、墙面的结合应牢固。踢脚线高度及出柱、墙厚度应符合设计要求,且均匀一致。检验方法:观察和用小锤轻击及钢尺检查。

4)楼梯踏步的宽度、高度应符合设计要求。楼层梯段相邻踏步高度差不应大于10mm,每踏步两端宽度差不应大于10mm;旋转楼梯梯段的每踏步两端宽度的允许偏差不应大于5mm。踏步面层应做防滑处理,齿角应整齐,防滑条应顺直、牢固。检验方法:观察和用钢尺检查。

5)面层表面的坡度应符合设计要求,不倒泛水、无积水;与地漏、管道结合处应严密牢固,无渗漏。检验方法:观察、泼水或坡度尺及蓄水检查。

6)砖面层的允许偏差和检验方法见表1.8.6-1。

表1.8.6-1 砖面层的允许偏差和检验方法

序号	项目	允许偏差/mm				检验方法
		陶瓷锦砖	缸砖	陶瓷地砖	水泥花砖	
1	表面平整度	2.0	4.0	2.0	3.0	用2m靠尺和塞尺检查
2	缝格平直	3.0	3.0	3.0	3.0	拉5m线和用钢直尺检查
3	接缝高低差	0.5	1.5	0.5	0.5	用钢直尺和塞尺检查
4	踢脚上口平直	3.0	4.0	3.0	—	拉5m线和用钢直尺检查
5	面层间隙宽度	2.0	2.0	2.0	2.0	用钢直尺检查

检查数量:按《建筑地面工程施工质量验收规范》(GB 50209—2010)第3.0.21条检查。

1.8.7 成品保护

(1)镶铺砖面层后,如果其他工序插入较多,应铺覆盖物对面层加以保护。

(2)切割面砖时应用垫板,禁止在已铺地面上切割。

(3)推车运料时应注意保护门框及已完地面,小车腿应包裹。

(4)操作时不要碰动管线,不要把灰浆掉落在已安完的地漏管口内。

(5)做油漆、浆活时,应铺覆盖物对面层加以保护,不得污染地面。

(6)要及时清擦干净残留在门窗框上的砂浆,特别是铝合金门窗框宜粘贴保护膜,预防锈蚀。

(7)合理安排施工顺序,水电、通风、设备安装等应提前完成,防止损坏面砖。

(8)结合层凝结前应防止快干、曝晒、水冲和振动,以保证其灰层有足够的强度。

(9)搭拆架子时注意不要碰撞地面,架腿应包裹并下垫木方。

1.8.8 安全与环保措施

(1)使用手持电动机具必须装有漏电保护器,作业前应试机检查,操作手提电动机具的人员应佩戴手套、胶鞋,保证用电安全。

(2)进行砖面层作业时,切割的碎片、碎块不得向窗外抛扔。剔凿瓷砖应戴防护镜。

(3)水泥要入库,砂子要覆盖,搬运水泥要戴好防护用品。

(4)基层清理、切割块料时,操作人员宜戴上口罩、耳塞,防止粉尘和切割噪声,危害人身健康。

(5)切割砖块料时,宜加装挡尘罩,同时在切割地点洒水,避免粉尘对人的伤害及对大气的污染。

(6)切割砖块料的时间,应安排在白天的施工作业时间内(根据各地方的规定),地点应选择较封闭的室内。

1.8.9 施工注意事项

(1)通病防治。

1)基层清理不净、洒水湿润不均、砖未浸水、水泥浆结合层刷的面积过大、上人过早影响粘结层强度等都是面层空鼓的原因。

2)除与地面相同外,踢脚板背面粘结砂浆量少,未抹到边,也是造成踢脚板空鼓的原因。

3)墙体抹灰垂直度、平整度超出允许偏差,踢脚板镶板贴时按水平线控制,会出现出墙厚度不一致的问题。应先检查墙面平整度,再进行踢脚板镶贴。

4)成品保护不够,在地砖上拌和砂浆、刷浆及油漆时不覆盖等,会对面层造成污染。

5)有地漏的房间倒坡的原因是做找平层砂浆时,没有按设计要求的泛水坡度进行弹线找坡。因此必须在找标高、弹线时找好坡度,抹灰饼和冲筋时,抹出泛水。

6)对地砖未进行预先挑选,砖不平整,砖的薄厚不一致,未严格按水平标高线进行控制会造成地面铺贴不平,出现高低差。

(2)环境污染的控制。

1)砖面层工程中所用的砂、石、水泥、砖等无机非金属建筑材料和装修材料、胶粘剂应符合《民用建筑工程室内环境污染控制标准》(GB 50325—2020)的规定。

2)砖面层工程中所用的砂、水泥、砖等无机非金属建筑材料和装修材料必须有放射性指标报告;采用水性胶粘剂必须有总挥发性有机化合物(TVOC)和游离甲醛含量检测报告;采用溶剂性胶粘剂必须有 TVOC、苯、游离甲苯二异氰酸酯(TDI)含量检测报告,并应符合设计要求和《民用建筑工程室内环境污染控制标准》(GB 50325—2020)中污染物浓度含量的规定。

3)砖面层施工过程中所产生的噪声应符合《城市区域环境噪声标准》及各地方有关条例法规的规定。

4)面层施工过程中所产生的粉尘、颗粒物等应符合《中华人民共和国大气污染防治法》及《大气污染物综合排放标准》的规定。

1.8.10　质量记录

(1)水泥、地砖、胶粘剂等材料的产品合格证书、性能检测报告、进场验收记录和复验报告。

(2)隐蔽工程验收记录。

(3)分项工程质量检验记录。

(4)施工记录。

1.9　石材面层施工工艺标准

石材面层系在基层上铺设经加工的大理石、花岗石等天然板、(碎)块材而成,这种面层具有装饰美观,耐磨、耐久,施工工艺简单、快速等优点。本工艺标准适用于建筑装饰装修工程石材楼地面面层室内外施工。工程施工应以设计图纸和施工质量验收规范为依据。

1.9.1　材料要求

(1)大理石、花岗石板。要求组织细密、坚实,耐风化,无腐蚀斑点、无隐伤,色泽鲜明,棱角齐全,底面整齐,并可磨光。工厂加工成品,其品种规格、质量应符合设计要求及国家现行行业标准《天然大理石建筑板材》(GB/T 19766—2016)、《天然花岗石建筑板材》(GB/T 18601—2009)的规定,并有出厂合格证。天然石材必须符合国家标准《建筑材料放射性核素限量》(GB 6566—2010)中有关有害物质的限量规定。进场应有检测报告。

(2)碎块大理石板。工厂生产和工地施工中产生的不规则、不同颜色的天然大理石板块边角碎块,应选用颜色协调、厚薄一致、不带有尖角的板块。

(3)水泥。采用强度等级不低于32.5级普通硅酸盐水泥或矿渣硅酸盐水泥,并备适量擦缝用白水泥,不得受潮结块。

(4)砂。采用中砂或粗砂,应过筛,粒径应小于5mm,含泥量小于3%。

(5)草酸、蜡。草酸为白色结晶,块状、粉状均可。白蜡用川蜡和地板蜡成品。

1.9.2　主要机具设备

(1)机械设备。包括砂浆搅拌机、砂轮切割机、石材切割机、小型台式砂轮机、磨石机等。

(2)主要工具。包括平铁锹、合金扁凿子、拨缝开刀、硬木拍板、木槌、铁抹子、橡皮槌、水平尺、直板尺、靠尺板、木靠尺、浆壶、水桶、喷壶、墨斗、钢卷尺、尼龙线、扫帚、钢丝刷、手推胶轮车等。

1.9.3 作业条件

(1)屋面防水层、顶棚、内墙抹灰已经完成;门框已经立好并保护;各种管线、预埋件已安装完毕;地漏已经遮盖;穿过楼地面的管洞已堵实堵严。

(2)地面垫层已做好,其强度达到5MPa以上。

(3)在墙面上已弹好或设置控制面层标高和排水坡度的水平基准线或标志。

(4)工程材料已经备齐运到现场,经检查材质符合要求。

(5)铺设前对大理石、花岗石的规格、颜色、品种、数量进行检查、核对和挑选。同一房间、开间应按配花、颜色、品种挑选尺寸基本一致、色泽均匀、花纹通顺的进行预编,安排编号,成对立叠立放在垫木上,待铺贴时按号取用。凡是规格、颜色不符合设计要求,有裂纹、掉角、翘曲和表面有缺陷的,都应剔除,品种不同的板材不得混杂使用。

(6)设置加工间,安装好砂轮切割机等设备;接通水、电源。

(7)施工方案已编制,并经审批;已向施工操作人员进行技术交底。

1.9.4 施工操作工艺

(1)石材面层铺设。

施工流程:准备工作→弹线→试拼→编号→刷水泥浆结合层→铺砂浆→铺石块→灌缝擦缝→打蜡。

1)准备工作。将基层表面的积灰、油污、浮浆及杂物等清理干净。如局部凸凹不平,应将凸处凿平,凹处用1∶3砂浆补平。石材面层铺设前,板材应浸湿、晾干;划出铺设施工段。

2)找标高、弹线。从过道统一往各房间内引进标高线。然后在房间主要部位垫层上弹互相垂直的控制十字线,并引至墙面底部,作为检查和控制石板块位置的准绳。

3)试拼和试排。铺设前对每一个房间的大理石面层,按图案、颜色、拼花纹理进行试拼。试拼后按两个方向编号排列,然后按编号码放整齐。为检验面层之间的缝隙,核对面层与墙面、柱、洞口等的相互位置是否符合要求,一般还进行一次试排,在房间内的两个相互垂直的方向,铺两条宽大于板的干砂带,厚不小于30mm,根据图纸要求把大理石面层排好,试排好后编号码放整齐,并清除砂带。

4)铺砂浆。按水平线定出面层找平层厚度,拉好十字线,即可铺找平层水泥砂浆。一般采用1∶3的干硬性水泥砂浆,稠度以手捏成团,不松散为宜。铺前洒水湿润垫层,扫水灰比为0.4～0.5的素水泥浆一度,然后随即由里往门口处摊铺砂浆,铺好后刮大杠、拍实,用抹子找平,其厚度适当高出按水平线定的找平层厚度1～2mm。

5)铺石板。

①铺砌顺序一般按线位先从门口向里纵铺和房中横铺数条作标准,然后分区按行列线位铺砌,亦可从室内里侧开始,逐行逐块向门洞口倒退铺砌,但应注意与走道地面的结合应符合设计要求。当室内有中间柱列时,应先将柱列铺好,再沿柱列两侧向外铺设,铺设时,必须按试拼、试排的编号面层"对号入座"。

②铺前将面层预先浸湿晾干后备用;结合层与板材应分段同时铺设。铺时将面层四角

同时平放在铺好的干硬性找平水泥砂浆(一般为1∶3)层上,试铺合适后翻开面层,在水泥砂浆上浇一层水灰比为0.5的素水泥浆,然后将面层轻轻地对准原位放下,用橡皮锤或木槌轻击放于面层上的木垫板使板平实,根据水平线用铁水平尺找平,使板四角平整,对缝、对花符合要求;铺完后,接着向两侧和后退方向顺序镶铺,直至铺完为止。如发现空隙,应将石板掀起用砂浆补实后再行铺设。大理石面层之间的接缝要严,一般不留缝隙,最大缝隙宽度不应大于1mm,或按设计要求。

6)灌缝、擦缝。在板铺砌完1～2d后开始,应先按板材的色彩用白水泥和颜料调成与板材色调相近的1∶1稀水泥浆,装入小嘴浆壶徐徐灌入板块之间的缝隙内,流在缝边的浆液用牛角刮于缝内,至基本饱满为止。1～2h后,再用棉纱团蘸浆擦缝至平实光滑。粘附在板面上的浆液随手用湿纱头擦净。接缝宽度较大者,宜先用1∶1水泥砂浆(用细砂)填缝至2/3板厚,然后再按设计要求的颜色用水泥色浆嵌擦密实,并随手用湿纱头擦净落在板面的砂浆。

7)养护。灌浆擦缝完24h后,应用干净湿润的锯末覆盖,喷水养护不少于7d。

8)打蜡。当结合层水泥砂浆强度达到要求、各道工序完工不再上人时,方可打蜡。打蜡应达到光滑洁亮。

(2)铺贴石材踢脚板。

1)灌浆法工艺流程:找标高水平线并确定出墙厚→拉水平通线→安装踢脚板→灌水泥砂浆→擦缝→打蜡。

2)灌浆法施工工艺。将墙面清扫干净浇水湿润,镶贴时在墙两端各镶贴一块踢脚板,其上端高度在同一水平线上,出墙厚度应一致。然后沿二块踢脚板上端拉通线,逐块按顺序安装,随装随时检查踢脚板的平直度和垂直度,使表面平整,接缝严密。在相邻两块之间及踢脚板与地面、墙面之间用石膏做临时固定,待石膏凝固后,随即用稠度8～12cm的1∶2稀水泥砂浆灌注,并随时将溢出砂浆擦净,待灌入的水泥砂浆凝固后,把石膏剔去,清理干净后,用与踢脚板颜色一致的水泥砂浆填补擦缝。踢脚板之间的缝宜与地面石材对缝镶贴。

3)粘贴法工艺流程:找标高水平线并确定出墙厚→水泥砂浆打底→贴石材踢脚板→擦缝→打蜡。

4)粘贴法施工工艺。根据墙面上冲筋和标准水平线,用1∶2或1∶3水泥砂浆打底、刮平、划毛,待底灰干硬后,将已湿润、晾干的踢脚板背面抹上2～3mm厚水泥浆或掺加聚合物水泥浆,逐块由一端向另一端往底灰上进行粘贴,并用木槌敲实,按拉线找平找直,24h后用同色水泥浆擦缝,将余浆擦净。踢脚板的表面打蜡同楼地面一起进行。

(3)碎拼大理石面层。

工艺流程:挑选碎块石材→弹线试拼→基层处理、扫水泥素浆→铺砂浆找平层→铺碎块石材→灌缝→磨光打蜡。

1)基层处理与大理石板铺贴基本相同。

2)根据设计要求的规格、颜色,挑选碎块大理石块石,有裂缝、风化痕迹的剔除不用。同时按设计要求的图案,结合开间尺寸,在基层上弹线后进行试拼,确定缝隙大小及排列方式。

3)碎块大理石亦铺在水泥砂浆找平层(结合层)上,可分仓或不分仓铺砌,亦可镶嵌分格条。为使边角整齐,应选用有直边的一边板材沿分仓或分格线铺砌,并以此控制面层标高和基准点。铺砌时,先在清理干净的基层(垫层)上洒水湿润,扫水泥浆一度,接着铺干硬性水泥砂浆找平层,根据图案和试拼的缝隙或按碎块形状、大小,自然排列铺砌碎块大理石,其方法同大理石面层。当其缝隙为冰块状块料时,可大可小,互相搭配,缝宽一般为20～30mm。铺砌时,随时清理缝内挤出的砂浆,以利于填嵌水泥砂浆或水泥石粒浆。

4)铺砌1～2d后进行灌缝。根据设计要求,如果灌水泥砂浆,则厚度与碎块大理石上面齐平,并将表面找平压光;如果采用磨平磨光面层,灌水泥石粒浆,则应比碎块大理石面凸出2mm,养护时间不少于7d后,再用细磨石将凸缝磨平。

5)磨光一般要操作3遍。

①试磨。一般根据气温情况确定养护天数,温度在20～30℃时2～3d即可开始机磨。过早开磨会造成石粒易松动,过迟则会造成磨光困难。所以需进行试磨,以面层不掉石粒为准。

②粗磨。第一遍用60～90号粗金刚石磨,磨石机机头在地面上以横"8"字形移动,边磨边加水(如磨石面层养护时间太长,可加细砂,加快机磨速度),随时清扫水泥浆,并用靠尺检查平整度,直至表面磨平、磨匀,分格条和石粒全部露出(边角处用人工磨成同样效果)。用水清洗晾干,然后用较浓的水泥浆(如掺有颜料的面层,应用同样掺有颜料配合比的水泥浆)擦一遍,特别是面层的洞眼小孔隙要填实抹平,脱落的石粒应补齐。浇水养护2～3d。

③细磨。第二遍用90～120号金刚石磨,磨至表面光滑为止。然后用清水冲净,满擦第二遍水泥浆,需注意小孔隙要细致擦严密,然后养护2～3d。

(4)楼梯踏步、台阶。

工艺流程:找标高水平线并确定出踏步线→弹线试拼→基层处理、扫水泥素浆→打铺砂浆找平层→铺踏步台面石材→安装立面石材→安装踢脚石材→擦缝→打蜡。

楼梯踏步、台阶石材铺砌同地面及踢脚线。

1.9.5 质量标准

(1)主控项目。

1)大理石、花岗石面层所用面层产品应符合设计要求和国家现行有关标准的规定。检验方法:观察检查和检查材质合格证明文件。

2)大理石、花岗石面层所用面层产品进入施工现场时,应有放射性限量合格的检测报告。检验方法:检查检测报告。检查数量:按同一工程、同一材料、同一生产厂家、同一型号、同一规格、同一批号检查一次。

3)面层与下一层结合应牢固,无空鼓(单块面层边角允许有局部空鼓,但每自然间或标准间的空鼓面层不应超过总数的5%)。检验方法:用小锤轻击检查。检查数量:按同一工程、同一材料、同一生产厂家、同一型号、同一规格、同一批号检查一次。

(2)一般项目。

1)大理石、花岗石面层铺设前,面层的背面和侧面应进行防碱处理。检验方法:观察检查和检查施工记录。

2)大理石、花岗石面层的表面应洁净、平整、无磨痕,且应图案清晰、色泽一致、接缝均匀、周边顺直、镶嵌正确、面层无裂纹、掉角、缺楞等缺陷。检验方法：观察检查。

3）踢脚线表面应洁净，与柱、墙面的结合应牢固。踢脚线高度及出柱、墙厚度应符合设计要求，且均匀一致。检验方法：观察和用小锤轻击及钢尺检查。

4）楼梯踏步的宽度、高度应符合设计要求。楼层梯段相邻踏步高度差不应大于10mm，每踏步两端宽度差不应大于10mm；旋转楼梯梯段的每踏步两端宽度的允许偏差不应大于5mm。踏步面层应做防滑处理，齿角应整齐，防滑条应顺直、牢固。检验方法：观察和用钢尺检查。

5）面层表面的坡度应符合设计要求，不倒泛水、无积水；与地漏、管道结合处应严密牢固，无渗漏。检验方法：观察、泼水或坡度尺及蓄水检查。

6）大理石与花岗石面层（或碎拼大理石、碎拼花岗石）的允许偏差和检验方法见表1.9.5。

表1.9.5　大理石与花岗岩面层的允许偏差和检验方法

序号	项目	允许偏差/mm		检验方法
		石材	碎拼	
1	表面平整度	1.0	3.0	用2m靠尺和楔形塞尺检查
2	缝格平直	2.0	—	拉5m线和用钢尺检查
3	接缝高低差	0.5	—	用钢尺和楔形塞尺检查
4	踢脚线上口平直	1.0	1.0	拉5m线和用钢尺检查
5	板块间隙宽度不大于	1.0	—	用钢尺检查

检查数量：按《建筑地面工程施工质量验收规范》(GB 50209—2010)第3.0.21条检查。

1.9.6　成品保护

(1)存放大理石面层，不得雨淋、水泡、长期日晒。一般采用面层立放，光面相对。面层的背面应支垫木方，木方与面层之间衬垫软胶皮。在施工现场内倒运时，也须如此。

(2)运输大理石或花岗石面层、水泥砂浆时，应采取措施防止碰撞已做完的墙面、门口等。铺设地面用水时防止浸泡、污染其他房间地面墙面。

(3)大理石或花岗石试拼应在平整的房间或工棚内进行，搬动调整面层的人员应穿软底鞋。

(4)铺砌面层过程中，操作人员应做到随铺砌随擦干净。揩净面层应用软毛刷和干布。当操作人员和检查人员踩踏新铺砌的面层时，要穿软底鞋，并应轻踏在面层中部。

(5)在已铺好面层上行走时，找平层水泥砂浆的强度应达到1.2MPa以上。

(6)剔凿和切割面层时，下边应垫木板。

(7)大理石或花岗石地面完工后，房间封闭，粘贴层上强度后，应在其表面覆盖保护。

1.9.7 安全与环保措施

(1)使用切割机、磨石机等手持电动工具之前,必须检查安全防护设施和漏电保护器,保证设施齐全、灵敏有效。

(2)夜间施工或阴暗处作业时,照明用电必须符合施工用电安全规定。

(3)大理石、花岗石等板材应堆放整齐稳定,高度适宜,装卸时应稳拿稳放。

(4)铺设施工时,应及时清理地面的垃圾、废料及边角料,严禁由窗口、阳台等处向外抛扔。

(5)切割石材应安排在白天进行,并选择在较封闭的室内,防止噪声污染,影响周围环境。

(6)建筑废料和粉尘应及时清理,放置指定地点,若临时堆放在现场,应进行覆盖,防止扬尘。

(7)切割石材的地点应采取防尘措施,适当洒水。

1.9.8 施工注意事项

(1)冬期铺设面层时施工环境温度不应低于5℃。

(2)面层铺砌前应进行选板试拼,有裂缝、掉角、翘曲和表面有缺陷的面层应剔除,品种不同的面层不得混杂使用。

(3)面层铺设应防止板面与基层出现空鼓现象,操作中应注意垫层表面应用钢丝刷清扫干净,浇水湿润并均匀涂刷一度素水泥浆,找平层的厚度不宜过薄,最薄处不得小于20mm,砂浆铺设必须饱满,水灰比不宜过大,同时注意不得过早上人踩踏等,以避免空鼓产生。

(4)由于面层本身不平或厚度偏差过大(大于±0.5mm),或铺贴时操作不当,未很好找平或铺贴后过早上人踩踏等原因,施工中常出现相邻两块板高低不平的现象。施工中应精心操作,针对原因注意防止;已产生高低不平现象的应进行处理,用磨光机仔细磨光并打蜡擦光。

(5)由于房间尺寸不方正,铺贴时没有准确掌握板缝,以及选料尺寸控制不够严格等原因,有时墙边会出现大小头(老鼠尾)。施工中应注意在房间抹灰前必须找方后冲筋,与大理石面层相互连通的房间应按同一互相垂直的基准线找方,严格按控制线铺砌。

(6)在镶贴踢脚板时,必须注意拉线铺砌,控制其平整度,以防踢脚板出墙厚度不一致。

1.9.9 质量记录

(1)大理石、花岗石板材产品质量证明书(包括放射性指标检测报告)。

(2)胶粘剂产品质量证明书(包括挥发性有机物等含量检测报告)。

(3)水泥出厂检测报告和现场抽样检测报告。

(4)砂、石现场抽样检测报告。

(5)各种材料进场验收记录。

1.10 实木地板面层施工工艺标准

在建筑装饰施工中，采用实木地板面层条材、块材以空铺方式铺设在基层上。空铺时，有地板搁栅，基层板空铺于搁栅之上。本工艺标准适用于建筑装饰装修工程室内实木地板施工。工程施工应以设计图纸和施工质量验收规范为依据。

1.10.1 材料要求

实木地板面层必须严格控制其含水率限值和符合防腐、防蛀、防潮等要求。根据地区自然条件，含水率限值应为8%～12%；防腐、防蛀、防潮处理严禁采用沥青类处理剂，其处理剂产品的技术质量标准必须符合现行国家标准《民用建筑工程室内环境污染控制标准》(GB 50325—2020)的规定。

(1)长条木地板宜采用红松、云杉或耐磨、不易腐朽、不易开裂的木材做成，每块板宽度不超过120mm，厚度应符合设计要求。侧面带企口，顶面应刨平。拼花实木地板面层采用的木材树种应按设计选用，设计无要求时，并做成企口、截口或平头接缝。

(2)拼花实木地板的长度，宽度和厚度均应符合设计及规范要求。长条及拼花木板均应有商品质量检验证明书。

(3)双层板下的基层板、实木地板面下木搁栅和垫木均要做防腐处理，其规格、尺寸应符合设计要求。

(4)硬木踢脚板的宽度、厚度应按设计要求的尺寸加工，其含水率不得超过12%，背面应满涂防腐剂，花纹和颜色应力求与面层地板相同。

(5)使用胶粘剂粘贴拼花实木地板面层时，可选用环氧沥青、聚氨酯、聚醋酸乙烯和酪素胶等。

(6)其他材料包括木楔、防潮纸，防腐材料，8～10号镀锌铁丝，5～10cm长钉子、扒钉、镀锌木螺丝，1mm厚铝片(覆盖通风孔用)，隔声材料等。

(7)实木地板铺设所用材料应符合现行国家标准《民用建筑工程室内环境污染控制标准》(GB 50325—2020)。

1.10.2 主要机具设备

(1)主要机械。包括圆锯机、平饱床、磨地板机、刨地板机、裁口机、手电刨、手电钻、小电锯、手锯等。

(2)主要工具。包括木工细刨、钉锤、凿子、斧子、铲刀、扳手、钳子、方尺、钢尺、割角尺、墨斗等。

1.10.3 作业条件

(1)实木地板铺设前应清理基层，不平的地方应剔除或用水泥砂浆找平。

(2)室内砖墙、顶棚抹灰、门窗玻璃安装,水、电、暖管道安装、预留及打压、试水已完成;墙根四角已找方正。

(3)实木地板空铺,已按设计做好地坪,砌好地垄墙或砖墩,砌体强度已达70%以上,每道墙预留120mm×120mm通风洞2个;预埋好捆绑垫木及压栅木的铁丝;地坪垫层上杂物已清理干净。

(4)房间四周墙根已按要求埋好固定踢脚板用的防腐木砖。

(5)在房间四周墙面上已弹好踢脚板上口水平基准线或标志,以便控制楼、地面各层的平整度。

(6)室内应保持干燥,可能造成楼、地面潮湿的室内作业(如管道试水、暖气试压)应在做木地板前进行完毕。

(7)加工订货实木地板材料已经进场,经检查符合设计要求和有关标准的规定。实木地板已经检查挑选,将有节疤、劈裂、腐朽、弯曲、规格不一者剔除。并应事先预拼合缝、找方;长条板应事先在企口凸边上阴角处钻45°左右斜孔,间距同搁栅间距,孔径为钉径的0.7～0.8倍。搁栅应涂刷好防腐剂。

(8)机具设备已准备齐全,经维修试用,可满足使用要求;水、电已接通。

1.10.4 施工操作工艺

工艺流程:基层处理→放线→安装木格栅→铺毛地板→铺设实木地板。

(1)基层处理。把沾在基层上的浮浆、落地灰等用钢丝刷清理掉,再用扫帚将浮土清扫干净。若基层平整度偏差较大或基层有洞口未封堵,则应提前剔凿或修补。

(2)放线。根据水平标准线和地面标高,在楼板上弹出各木格栅的安装位置线(间距为300mm或按设计要求)及标高。

(3)安装木格栅。木格栅靠墙部位应与墙面留有5～10mm伸缩缝;木格栅应进行防腐处理。木格栅根据地面混凝土标号来决定固定方式。电锤打眼法(先找平再安装):用电锤在安装位置线上打眼,然后把经过防腐处理的木塞打入孔内,用铁钉将龙骨固定在地面上,一般洞的深度不宜小于40mm。射钉固定法(在结构基体上直接安装):射钉穿入混凝土基层的深度不宜小于25mm,当局部地面不平时,应以垫木找平。木格栅上应铺设防潮膜,防潮膜接头处应重叠200mm,四边往上弯。

(4)铺毛地板。根据木格栅的模数和房间的情况,将毛地板下好料。将毛地板牢固钉在木格栅上,钉法采用直钉和斜钉混用,直钉钉帽不得突出板面。毛地板可采用条板,也可采用整张的细木工板或中密度板。从墙的一边开始铺钉毛地板,靠墙的一块板应离开墙面10mm左右,以后逐块排紧。采用整张板时,应在板上开槽,槽的深度为板厚的1/3,方向与格栅垂直,间距为200mm左右。

(5)铺实木地板。从墙的一边开始铺钉第一块企口实木地板时,地板凸角应向外,离开墙面10mm左右用木板钉固定在毛地板上,以后采用斜钉逐块排紧。铺实木地板时应从房间内退着往外铺设。

1.10.5 质量标准

(1)主控项目。

1)实木地板面层所采用的材质和铺设时的木材含水率、胶粘剂等应符合设计要求和国家现行有关标准的规定。检验方法:观察检查和检查型式检验报告、出厂检验报告、出厂合格证。

2)实木地板面层采用的材料进入施工现场时,应有以下有害物质限量合格的检测报告。

①地板中的游离甲醛(释放量或含量)。

②溶剂型胶粘剂中的挥发性有机化合物(VOC)、苯、甲苯+二甲苯。

③水性胶粘剂中的挥发性有机化合物(VOC)和游离甲醛。

检验方法:检查检测报告。

3)木搁栅、垫木和垫层地板等应做防腐、防蛀处理。检验方法:观察检查和检查验收记录。

4)木搁栅安装应牢固、平直。检验方法:观察、行走、钢尺测量等检查和检查验收记录。

5)面层铺设应牢固;粘结应无空鼓、松动。检验方法:观察、行走或用小锤轻击检查。

检查数量:按同一工程、同一材料、同一生产厂家、同一型号、同一规格、同一批号检查一次。

(2)一般项目。

1)实木地板面层应刨平、磨光,无明显刨痕和毛刺等现象;图案清晰、颜色均匀一致。检验方法:观察、手摸和行走踩检查。

2)面层缝隙应严密;接头位置应错开、表面应平整、洁净。检验方法:观察检查。

3)面层采用粘、钉工艺时,接缝应对齐,粘、钉应严密;缝隙宽度均匀一致;表面洁净,无溢胶现象。检验方法:观察检查。

4)踢脚线表面应光滑,接缝严密,高度一致。检验方法:观察和用钢尺检查。

5)实木地板面层的允许偏差和检验方法见表 1.10.5-1。

表 1.10.5-1 实木地板面层的允许偏差和检验方法

序号	项目	允许偏差/mm			检验方法
		松木地板	硬木地板	拼花地板	
1	缝隙宽度	1.0	0.5	0.2	楔形塞尺与目测检查
2	表面平整度	2.0	2.0	2.0	用 2m 靠尺和楔形塞尺检查
3	踢脚线上口平直	2.0	2.0	2.0	拉 5m 通线,不足 5m 拉通线和用钢尺检查
4	板面拼缝平直	3.0	3.0	3.0	拉 5m 通线,不足 5m 拉通线和用钢尺检查
5	相邻板材高差	0.5	0.5	0.5	用钢尺和楔形塞尺检查
6	踢脚线与面层接缝	1.0	1.0	1.0	楔形塞尺检查

检查数量:按《建筑地面工程施工质量验收规范》(GB 50209—2010)第 3.0.21 条检查。

1.10.6 成品保护

(1)面层使用的木板应码放整齐,使用时轻拿轻放,不得乱扔乱堆,以免碰坏棱角。

(2)铺设面层时,不得损坏门窗和墙面抹灰层。

(3)铺设面层应穿软底鞋,且不得在板面上敲砸,防止损坏面层。

(4)施工中应注意环境温度和湿度变化,铺贴完后应及时关闭窗户,覆盖塑料薄膜,防止开裂和变形。

(5)通水后注意阀门、接头和弯头三通等部位,防止渗漏浸泡,污染地板。

1.10.7 安全措施

(1)使用木工机械加工应有安全防护装置,不得用手直接推按板条进行锯裁、刨光,应用推杆送料。

(2)木工机械和电源应有专人管理,每种机械应专线专闸;线路不得乱搭,下班后应拉闸。

(3)木材、刨花等均属易燃品,垃圾不得乱堆乱扔,应集中到指定地点,现场应有可靠的防火措施,按规定配置消防器材,并严禁烟火。

1.10.8 施工注意事项

(1)铺钉基层板、长条实木板前,应注意先检查搁栅是否垫平、垫实、捆绑牢固,人踩搁栅是否有响声,严禁用木楔塞平或用多层薄木片垫平,以免脱落,造成地板松动,走路有响声。铺钉木地面前,应对搁栅顶面进行拉线找平,以确保地板面平整度符合要求。

(2)铺钉实木地板时,企口要插严钉牢;施工时要排紧、挤实,严格控制拼缝,以防出现过大空隙造成地板松动、变形。

(3)铺钉时注意木板与墙、木板与木板碰头缝的处理,按规范要求留缝,不应硬挤,防止地板受潮起拱。

(4)如室内有壁炉或烟囱穿过,搁栅不得与其直接接触,应相隔一定距离并填充隔热、防火材料,以免烤焦。

(5)铺地板时接口处要顶严,钉子的入木方向应该是斜向的,一般常采用 45°或 60°斜钉入木,促使接缝挤压紧密。

(6)木搁栅与地面和墙接触部位应进行防腐处理,以防止受潮变形或腐烂。

(7)如设计对地板有隔热或隔音要求,应在搁栅及剪刀撑钉钉后,将其下杂物清理干净;隔热或隔音材料铺前应晒干,铺放应密实均匀、疏密一致,并应低于搁栅面。

(8)在铺钉木地板前,应先检查墙面垂直偏差和平整度,如超出允许偏差,应先处理墙面,达到标准要求后铺设地板,继而钉踢脚板。

1.10.9　质量记录

(1)实木地板面层的条材和块材的商品检验合格证。

(2)木搁栅、基层板含水率检测报告。

(3)木搁栅、基层板铺设隐蔽验收记录。

(4)胶粘剂、人造板等有害物质含量检测记录和复试报告。

(5)实木地板面层工程检验批质量验收记录。

(6)施工记录。

1.11　复合地板面层施工工艺标准

本工艺标准适用于建筑装饰装修工程室内和体育场所等的中密度(强化)复合地板铺设面层施工。工程施工应以设计图纸和施工质量验收规范为依据。

1.11.1　材料要求

(1)中密度(强化)复合地板规格、尺寸偏差、外观质量、各项理化性能符合设计和规范要求。

(2)辅助材料包括踢脚板、防潮垫、粘结剂等。

1.11.2　主要机具设备

主要机具设备包括木工手刨、电刨、手提钻、电锯、刮刀(铲刀)、橡皮(木)锤、锤子、螺丝刀、量具等。

1.11.3　作业条件

(1)基层干净、无浮土、无施工废弃物,基层干燥,含水率在8%以下。

(2)干燥。应达到或低于当地平衡湿度和含水率,严禁含湿施工,并防止有水源处向地面渗漏,如暖气出水处,厨房和卫生间接口处等。

(3)平整。用2m靠尺检验应小于5mm。

(4)牢固。基层材料应是优质合格产品,并按序固接在地基上,不松动。

(5)与厕浴间、厨房等潮湿场所相邻木地板面层连接处应做防水(防潮)处理。

(6)所有中密度(强化)复合地板基层验收,应在木地板面层施工前达到验收合格,否则不允许进行面层铺设施工。

(7)严禁在木地板铺设时,与其他室内装饰装修工程交叉混合施工。

1.11.4 施工操作工艺

(1)工艺流程:基层清理→弹线、找平→铺防潮垫→安装强化地板→木踢脚板安装。

(2)施工工艺。

1)将基层(找平层)清理干净,弹好水平标高控制线。

2)在找平层上满铺防潮垫,不用打胶。若采用条铺防潮垫,可采用点铺方法。

3)在防潮垫上铺装强化地板,宜采用点粘法铺设。

4)防潮垫及强化地板面层与墙面之间应留不小于10mm空隙,相邻板材接头位置应错开不小于300mm的距离。

5)强化地板粘铺后可用橡皮锤子敲击,使其粘接均匀、牢固。

6)粘贴踢脚板。

1.11.5 质量标准

(1)主控项目。

1)中密度(强化)复合地板面层所采用的材料,其技术等级及质量要求应符合设计要求。检验方法:观察检查和检查材质合格证明文件及检测报告、出厂合格证。检查数量:按同一工程、同一材料、同一生产厂家、同一型号、同一规格、同一批号检查一次。

2)中密度(强化)复合地板面层所采用的材料进入施工现场,应有以下有害物质限量合格的检测报告。

①地板中的游离甲醛(释放量或含量)。

②溶剂型胶粘剂中的挥发性有机化合物(VOC)、苯、甲苯+二甲苯。

③水性胶粘剂中的挥发性有机化合物(VOC)和游离甲醛。

检验方法:检查检测报告。

检查数量:按同一工程、同一材料、同一生产厂家、同一型号、同一规格、同一批号检查一次。

3)面层铺设应牢固,粘贴无空鼓。检验方法:观察、脚踩或用小锤轻击检查。检查数量:按《建筑地面工程施工质量验收规范》(GB 50209—2010)第3.0.21条检查。

(2)一般项目。

1)中密度(强化)复合地板面层图案和颜色应符合设计要求,图案清晰,颜色一致,板面无翘曲。检验方法:观察,用2m靠尺和楔形塞尺检查。

2)面层的接头应错开,缝隙严密,表面洁净。检验方法:观察检查。

3)踢脚线表面应光滑,接缝严密,高度一致。检验方法:观察和用钢尺检查。

4)中密度(强化)复合地板面层的允许偏差和检验方法见表1.11.5-1。

表 1.11.5-1 中密度(强化)复合地板面层的允许偏差和检验方法

序号	项目	允许偏差/mm	检验方法
1	板面缝隙宽度	0.5	用钢尺检查
2	表面平整度	2.0	用 2m 靠尺和楔形塞尺检查
3	踢脚线上口平齐	3.0	拉 5m 通线,不足 5m 拉通线和用钢尺检查
4	板面拼缝平直	3.0	
5	相邻板材高差	0.5	用钢尺和楔形塞尺检查
6	踢脚线与面层的接缝	1.0	楔形塞尺检查

检查数量:按《建筑地面工程施工质量验收规范》(GB 50209—2010)第 3.0.21 条检查。

1.11.6 成品保护

(1)地板材料应码放整齐,使用时轻拿轻放,不可乱扔乱堆,以免损坏棱角。防止污染,不得受潮、雨淋和暴晒。

(2)铺钉踢脚板时,不应损坏墙面抹灰层。

(3)铺设完的地板应定期清洁,局部脏迹可用清洁剂清洗;用不滴水的拖布顺地板方向拖擦,避免含水率剧增;防止阳光长期曝晒;当室内湿度≤40%时,应采取加湿措施;当室内湿度≥90%时,应通风排湿;当搬动重物、家具等时,以抬动为宜,勿拖拽。

1.11.7 安全措施

(1)室内严禁在基层使用沥青、苯酚等严重污染物质。

(2)复合地板拼接施工时,除芯板为 E1 类外,应对其断面及无饰面部位进行密封处理。(E1 类限值甲醛含量大于 0.11mg/m^3。)

(3)施工作业场地严禁存放易燃品,场地周围不准进行明火作业,现场严禁吸烟。

(4)施工时,注意控制室内噪声,必要时施工人员可戴耳塞。

(5)清理基层时,不得从窗口、洞口向外乱扔杂物,以免伤人。

(6)基层和面层清理时,严禁使用丙酮等易挥发、有毒的物质,应采用环保型清洁剂。

1.11.8 施工注意事项

(1)房间最大相对湿度不高于 80%。

(2)安装前地面须干净、干燥、稳定、平整,在安装前修补不规则之处。如地面本身不防潮,就应铺一层防水聚乙烯薄膜(膜与膜搭接 20cm)。

(3)当地面是混凝土时,铺一层松软的材料以降噪,如聚乙烯泡沫薄膜、波纹纸等。

(4)量好房间的尺寸,计算出需要多少块地板,并考虑最后补缺地板的块量,备好地面层。

(5)适应当地空气湿度,在安装前应原包装保存。保存 24~48h 为宜。地面层应水平存放,切勿竖立或靠椅斜放。

(6)检查门是否能打开,否则先进行刨切。安好后地板在门框下的厚度为:地板厚度+地垫厚度+(地板地渡扣板之盖板厚度)。

(7)施工"浮铺"地板时,地面层和基层面之间不需要胶、钉子或螺丝固定。地面层之间用防水聚醋酸乙烯胶粘结。房间湿度、温度发生变化时,地面层随之应变,因此,铺设地板时,靠墙、楼梯、柱子、管道或其他硬立面时,要预留 8~11mm 的空隙。

(8)房间长应超过 8m(地面层尾对尾)。宽度超过 8m(地板交叉铺设)时(要预先留有宽高比例 1∶1 的空隙接合处),空隙接合处用过渡扣板包盖。长和宽一旦超过 8m,必须加扣板条,留伸缩缝。

1.11.9 质量记录

(1)中密度复合地板面层材料、面层下的板或衬垫的商品检验合格证。

(2)胶粘剂、人造板等有害物质含量检测记录和复试报告。

(3)中密度复合地板面层工程检验批质量验收记录。

1.12 塑料板面层施工工艺标准

塑料板面层是用胶粘剂把塑料板(或半硬质塑料板、软质塑料板)粘贴在水泥砂浆楼地面基层上而成。本工艺标准适用于建筑装饰装修工程楼地面各种塑料板面层施工。工程施工应以设计图纸和施工质量验收规范为依据。

1.12.1 材料要求

(1)塑料板。有硬质塑料板(简称塑料板)、半硬质聚氯乙烯塑料板(简称半硬质塑料板)、软质聚氯乙烯塑料板(简称软质塑料板)三种。前两种为方块板,有单色(棕、黄、黑、蓝、橙等色)和印花(仿水磨石、仿木纹或按图案加工)两类;后一种为卷材,只有单色。要求板面平整光滑,无裂纹,色泽均匀,厚薄一致,边缘平直,尺寸准确,板内不允许有杂质和气泡,并应符合设计要求和有关技术标准的规定,有出厂合格证。

(2)胶粘剂。包括水乳型和溶剂型两类,常用的胶粘剂有聚醋酸乙烯类、氯丁橡胶类、聚氨酯类、环氧树脂类和水性型高分子类等。一般要求能速干,粘结强度高,耐水性强,施工方便,应符合有关技术标准的规定,并有出厂合格证。胶粘剂应放在阴凉、通风、干燥的室内保管,避免日光直射,并隔离火源。所选用胶粘剂应符合现行国家标准《民用建筑工程室内环境污染控制标准》(GB 50325—2020)的规定,其产品应按基层材料和面层材料使用的相容性要求,通过试验确定。胶粘剂应存放在阴凉、通风、干燥的室内,出厂 3 个月后应取样试验,合格后方可使用。

(3)稀释剂。有硝基稀料、醇酸稀料、丁醇、丙酮、汽油和酒精等多种稀释剂。不同胶粘剂所用稀释剂及掺量应按胶粘剂说明书规定,并经试验确定。

(4)腻子用料。聚醋酸乙烯乳胶、108胶、羧甲基纤维素、滑石粉或太白粉、水泥等。

(5)塑料焊条。选用等边三角形或圆形截面,表面应平整光洁,无孔眼、节瘤、皱纹,颜色均匀一致。成分和性能应与被焊的板相同,质量应符合有关技术标准的规定,并有出厂合格证。

(6)其他材料。地板蜡、松节油(擦手用),棉纱头、软毛巾、砂布或砂纸等。

1.12.2 主要机具设备

(1)机械设备。包括空气压缩机、调压变压器、吸尘器、多功能焊塑枪、电热空气焊枪等。

(2)主要工具。

1)基层修补工具:包括水刷、小桶、压子、钻子、锤子等。

2)塑料地板粘贴工具:包括橡皮锤、裁切刀、橡胶滚筒、焊枪、焊条压辊、划线器、锯齿形涂胶刀、钢锥、钢尺、方尺、毛巾、棉纱、墨斗等。

1.12.3 作业条件

(1)室内墙面和顶棚抹灰、门窗框安装及水、电、煤气管道安装已经施工完成。

(2)室内细木装饰及油漆、刷浆等已完成。

(3)水泥类基层要求表面平整、坚硬、干燥、密实、洁净、无油脂及其他杂质。用2m直尺检查,局部最大空隙不得超过2mm,不得有麻面、起砂、裂纹等缺陷。当用溶剂型胶粘剂时,基层含水率不应大于8%。

(4)在墙上已弹出或设置控制面层标高和排水坡度的水平基准线或标志。

(5)塑料板胶粘剂等材料已备齐,并运进现场、仓库存放备用。胶粘剂应按基层材料和面层材料使用的相容性要求通过试验确定,其质量符合国家现行有关标准的规定。

(6)根据设计要求,已做好铺设粘贴试验。焊条成分和性能应与被焊的板相同,其质量符合有关技术标准的规定并应有出厂合格证。

(7)室内相对湿度不应大于70%,施工环境温度宜为10～32℃。

(8)施工前应先做样板,对于有拼花要求的地面应绘出大样图,经甲方及质检部门验收后方可大面积施工。防静电塑料板配套的胶粘剂、焊条等应具有防静电性能。

1.12.4 施工操作工艺

工艺流程:基层清理→弹线找规矩→配兑胶粘剂→塑料板清擦→刷胶→粘贴(焊接)地面→滚压→粘贴(焊接)塑料踢脚。

(1)基层清理。

1)铺贴前,应彻底清除基层表面残留砂浆、尘土、砂粒及油污,并用扫帚和湿布扫抹干净。

2)基层表面如局部有起砂、麻面、裂纹及凹凸不平,超过2mm,应用钢丝刷刷除松散部分,清扫干净后,再用吸尘器或皮老虎清除积灰,用聚醋酸乙烯乳胶(或108胶)腻子分多道修补密实,打磨平整。腻子配合比应按设计要求做,一般为:水泥∶乳胶∶水=1∶(0.2～0.3)∶0.3;也可为:石膏∶土粉∶聚醋酸乙烯乳胶∶水=2∶2∶1∶适量;或为:滑石粉∶聚醋酸乙烯乳胶∶水∶羧甲苯纤维素=1∶(0.2～0.25)∶适宜∶0.1。

3)施工前,应对板材进行清理、检查、挑选并分类堆放。对尺寸不一者,可用木工细刨刨成规格料。对个别有砂孔等缺陷者,只能将缺陷部分割掉,用于配制边角异形板。

4)塑料板材背面如有蜡脂,应用棉纱团蘸丙酮∶汽油=1∶8 的混合溶液反复擦洗,脱脂去蜡。

(2)弹线找规矩。

1)根据设计铺贴图案、塑料板尺寸和房间大小,进行弹线、分格和定位(见图 1.12.4-1);在基层上弹出中心十字线或对角斜线,并弹出板材分块线;在距墙面 200～300mm 处做镶边。房间长、宽尺寸不合板材倍数,或设计有镶边要求时,可沿地面四周加弹出镶边位置线。线迹必须清细、方正、准确。常见铺贴形式与方法如图 1.12.4-2 所示。

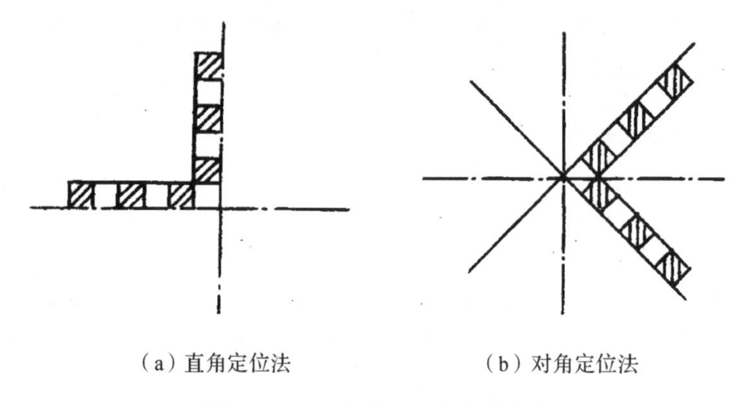

(a) 直角定位法　　(b) 对角定位法

图 1.12.4-1　塑料板面层定位方法

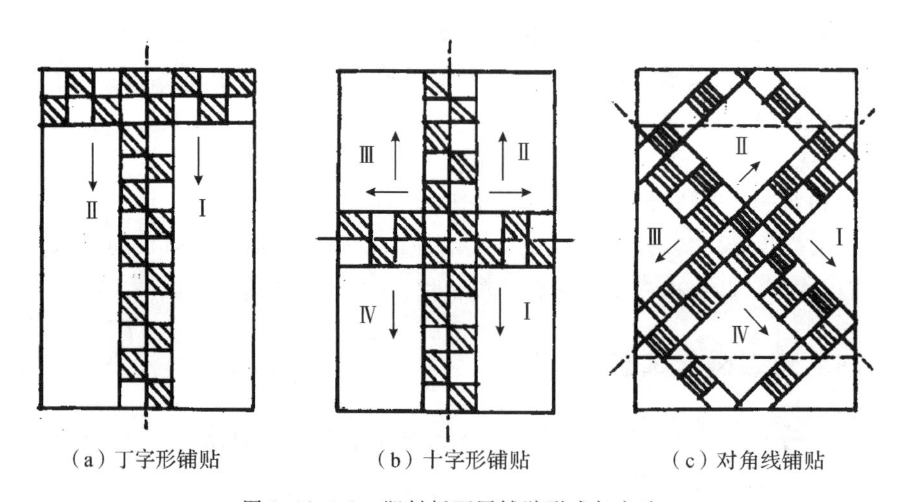

(a) 丁字形铺贴　　(b) 十字形铺贴　　(c) 对角线铺贴

图 1.12.4-2　塑料板面层铺贴形式与方法

2)塑料板在铺前应按线先干排,预拼对花并编号。遇有管道、门框、拐角等异形处,应先在板材上画好线,再用剪刀裁口。

(3)配制胶粘剂。

1)配制时由专人负责,先将各原剂在原桶内充分拌匀,按每次配制用量分别倒出,按规定配合比准确称量,依先后加料顺序混合,再经充分拌匀后使用。应随用随配,一般不超过 2h 用量,但水性胶粘剂可直接在桶内拌匀后倒出使用。

2)胶粘剂如有胶团、结皮或变色,则不得使用。如有不影响质量的杂质,可过筛滤去。拌和、运输、贮存时,应用塑料或搪瓷器具,不得使用铁器,以防止发生化学反应。

3)配制器具宜配制一次,擦洗一次,一般用棉纱头蘸丙酮∶汽油=1∶8的混合溶液擦洗;水性胶粘剂用具则可用清水擦洗。

(4)刷胶。

1)刷胶前,应将粘结层(基层面和板材背面)用干毛巾擦抹一遍,去掉灰尘。

2)刷胶面积一次不宜过大,应与铺贴速度相适应。在基层上刷胶应过线(约超出分格线10mm),板背刷胶,应留边约5~10mm不刷。刷胶厚度一般为0.5~1.0mm,要求厚薄均匀,不得漏刷。宜先刷塑料板背面,随后刷基层面,并宜一面横刷,另一面纵刷。需刷两遍者,第一遍用锯齿形涂胶刮板涂刷,第二遍宜用油漆板刷涂刷,一般待头遍不粘手后,才刷第二遍。

3)刷胶后待胶液稍干,不粘手时(10~20min)即可铺贴。水性胶粘剂则可随刷胶随铺贴。

(5)硬板塑料板面层的铺贴。

1)铺贴时,一般可从房间一端按铺贴图形及线位,由里向外退着铺贴,大房间可从房中先铺好两条十字形板带,再向四方展开。

2)铺贴方法是先将塑料面层一端及另一侧与前块及邻块对齐,包括对花型,随后整块慢慢放下,顺手平抹使之初粘,依顺赶走板下空气,务使一次准确就位、密合,然后用胶滚从起始边向终边循序滚压密实,挤出的胶液随手用棉纱头蘸稀释剂擦抹干净。

3)对胶粘剂初粘力较差者,贴后还应辅以沙袋均匀加压,待胶粘剂干硬后再卸去。

(6)半硬质塑料板面层的铺贴。

1)铺贴前用丙酮∶汽油=1∶8混合溶液进行脱脂、除蜡。

2)刷胶和铺贴方法同硬板塑料板面层的铺贴。

(7)软质塑料板面层的铺贴。

1)软质塑料板铺前应做预热处理,将脱脂除蜡后的板材放入75℃左右的热水中浸泡10~20min,以减少板的胀缩变形,消除内应力,至板面全部松软伸平后取出晾干,提前24h运至铺贴地点平放待用。

2)事先按已弹好卷材铺贴方向的房间尺寸、规格裁料,并按铺贴顺序编号,备用。

3)铺贴时刷胶方法同硬质塑料板,待胶粘剂刷后不粘手时,将卷材的一边对准所弹尺寸线,用小压辊压实,要求对线连接平顺,不卷不翘。

4)铺贴后遇接缝处翘曲,可用沙袋等物均匀压住,或在接缝时先留出少量重叠暂不粘贴,待其他部位胶粘剂固化后,再用锋利刀具从中缝将多余卷材切去,再加胶粘牢。铺贴完后,如发现局部空鼓,个别边角粘贴不牢,可用大号医用注射器刺孔,排出空气后,从原针孔中注入胶粘剂,再压合密实。

5)粘贴后如需焊接,须经48h后方可施焊。一般采用热空气焊,空气压力宜为0.08~0.1MPa,温度控制在180~250℃,焊接前将相邻的塑料边缘切成V形槽,焊条采用与被焊板材成分相同的等边三角形焊条(边长4.2mm),焊接速度控制在10~25cm/min,焊枪与焊件所成角度一般为30°~45°,焊条应尽量垂直于焊缝表面。焊缝高出母材表面1.5~

2.0mm,使其呈圆弧形,如表面要求平整,高出部分应铲去。

(8)塑料踢脚板铺贴。

1)硬质和半硬质塑料板地面铺贴后,一般以同样方法,按弹好的踢脚线上口线及两端铺贴好的踢脚板作为准绳,挂线粘贴。先铺贴阴阳角,然后逐块顺序铺贴,用辊子反复压实为止。塑料踢脚板的对缝与地面塑料板的对缝错开,十字缝交接。

2)软质塑料板踢脚板铺贴方法同地面铺设,应先做地面,再做踢脚板,使踢脚板压地面,以使阴角的接缝不明显,粘贴以下口平直为准,上口如高出原水泥踢脚板,贴后用刀片切齐,如形成凹陷,用108胶水泥浆填塞刮平。

(9)养护、擦光上蜡。

1)铺贴完后,宜在温度10～30℃,湿度小于80%的环境中自然养护,一般不少于7d。

2)铺贴24h后,用布擦净表面,再用布包住已配好的上光软蜡,满涂揩擦2～3遍,直至表面光滑、亮度一致为止。

(10)冬期施工。

1)塑料板面层铺贴环境温度不应低于10℃,冬期施工低于此温度时,室内应采取保暖措施。

2)塑料卷材应放在正温环境下预热,并应立放,码放整齐;块材也应防冻,使用时预热。所用各种胶粘剂应随进随用,并应在正温密封、保存。

1.12.5 质量标准

(1)主控项目。

1)塑料板面层所用的塑料面层和卷材的品种、规格、颜色、等级应符合设计要求和现行国家标准的规定。检验方法:观察检查和检查型式检验报告、出厂检验报告、出厂合格证。

2)现浇型塑胶面层的配合比应符合设计要求,成品试件应检测合格。检验方法:检查配合比试验报告、试件检测报告。检查数量:按同一工程、同一材料、同一生产厂家、同一型号、同一规格、同一批号检查一次。

3)面层与下一层的粘结应牢固,面层厚度应一致,表面颗粒应均匀,不应有裂痕、分层、气泡、脱粒等现象;塑胶卷材面层的卷材与基层应粘结牢固,面层不应有断裂、起泡、起鼓、空鼓、脱胶、翘边、溢液等现象。检验方法:观察检查和用敲击法检查。检查数量:按《建筑地面工程施工质量验收规范》(GB 50209—2010)第3.0.21条检查。

(2)一般项目。

1)塑胶面层的各组合层厚度、坡度、表面平整度应符合设计要求。检验方法:采用钢尺、坡度尺、2m或3m水平尺检查。

2)塑料板面层应表面洁净,图案清晰,色泽一致,接缝严密、美观。拼缝处的图案、花纹吻合,无胶痕;与墙边交接严密,阴阳角收边方正。检验方法:观察检查。

3)面层的焊接,焊缝应平整、光洁,无焦化变色、斑点、焊瘤和起鳞等缺陷,其凹凸允许偏差为±0.6mm。焊缝的抗拉强度不得小于塑料板强度的75%。检验方法:观察检查和检查检测报告。

4)镶边用料应尺寸准确、边角整齐、拼缝严密、接缝顺直。检验方法:用钢尺和观察检查。

5)塑料板面层的允许偏差和检验方法见表 1.12.5-1。

表 1.12.5-1 塑料板面层的允许偏差和检验方法

序号	项目	允许偏差/mm	检验方法
1	表面平整度	2.0	用 2m 靠尺和楔形塞尺检查
2	缝格平直	3.0	拉 5m 通线,不足 5m 拉通线和尺量检查
3	踢脚线上口平直	2.0	拉 5m 通线,不足 5m 拉通线和尺量检查
4	接缝高低差	0.5	尺量和楔形塞尺检查
5	面层间隙宽度	—	用钢尺检查

检查数量:按《建筑地面工程施工质量验收规范》(GB 50209—2010)第 3.0.21 条检查。

1.12.6 成品保护

(1)铺贴面层操作人员应穿洁净软底鞋,防止鞋钉、砂粒、灰尘、磨损污染表面。

(2)塑料板材铺贴后,如遇太阳直接曝晒应予遮挡,以防局部干燥过快使板变形和褪色。

(3)开水壶、热锅、火炉、电热器等不得直接与塑料板接触,以免烫坏、烧焦面层或造成翘曲、变色。

(4)清除表面油污时,不可用刀刮,应用皂液擦洗或用醋酸乙酯或松节油清除,严禁用酸性洗液揩擦。

(5)面层铺贴完毕,在养护期间应避免沾污或用水清洗表面,必要时用塑料薄膜盖压地面,以防污染。

(6)电工、油漆工作业使用爬梯时,凳脚要包裹软性材料保护,防止重压划伤地面。

(7)施工过程中,防止金属锐器、玻璃、瓷片、鞋钉等硬物磕碰或磨损面层。

(8)局部受损坏或脱层应及时更换、修补,重新粘贴,防止发展。

1.12.7 安全措施

(1)操作人员必须经防水、防曝、防毒安全技术交底和教育后方可参加施工;有心脏病、气管炎、皮肤病的患者不宜参加施工操作。

(2)胶粘剂和溶剂、稀释剂为易燃品,现场存放时,应放在阴凉处,必须密封盖严,不得受阳光曝晒,并应远离火源;现场应设有足够的消防设施,并严禁烟火。

(3)施工现场应保持通风良好,使用氯丁橡胶类胶粘剂和其他带毒性、刺激性的胶粘剂及溶剂稀释剂时,操作人员应戴活性炭口罩,刷胶人员尚应在手上涂防腐油膏;连续操作 2h 后,应到室外休息 0.5h。

1.12.8 施工注意事项

(1)同一种塑料板应用同种胶粘剂,不得混用。

(2)在低温环境条件下铺贴软质塑料板,应注意材料的保暖,并提前1d放在施工地点,使其达到与施工地点相同的温度(10℃以上),并防止运输时重压。铺开和铺贴卷材时,切忌用力拉伸或撕扯卷材,以防止卷材变形或碎裂。

(3)卷材铺贴时应注意正反面,正面光洁度好,反面较粗,如随意铺贴,不但使面层色泽不一致影响美观,而且粘结牢固性大大降低。

(4)胶液的干、湿程度对粘结力影响较大,如用手摸未干就粘贴,很容易撕开,并有胶液拉丝现象;如较干后粘贴,其粘结力很强。铺贴时必须注意对准弹线慢慢粘贴,否则撕开重贴将十分困难。

(5)在接缝处切割卷材,必须注意用力拉直,不得重复切割,以免形成锯齿形使接缝不严。使用的刀必须刃薄锋利,宜用切割皮革用的扁口刀,以利保证接缝质量。

(6)操作中应注意防止塑料板面层出现翘曲、空鼓现象。一般预防措施是:基层应平整,刷胶必须饱满均匀,不得漏刷;铺设时应待胶粘剂基本干燥,滚压必须密实。

(7)为防止面层出现凹坑或小包,铺贴前应注意对基层仔细清理,凹洼处用108胶水泥腻子分层修补平实,基层上小包应凿去修补平整。

(8)面层铺设面层之间常易出现错缝,造成的原因主要是面层尺寸、规格不一致,出现较大误差,使铺贴过程缝格控制失去作用,施工时应注意规格尺寸的检查,按不同规格尺寸分拣选用,便可使错缝得到控制。

1.12.9 质量记录

(1)塑料面层或卷材的出厂质量证明书和检测报告。

(2)胶粘剂出厂质量证明文件和试验记录。

(3)塑料板焊条出厂证明书,焊缝强度检测报告。

(4)地面分项工程面层工程检验批质量验收记录。

1.13 防油渗面层施工工艺标准

防油渗面层是在水泥基层上铺设防油渗混凝土或涂刷防油漆涂料而成,在基层与面层之间加设防油渗隔离层。抗油渗混凝土面层厚度宜为60～70mm,强度等级不应小于C30,抗油渗等级应符合设计要求。本工艺标准适用于建筑装饰装修工程楼地面采用抗油渗面层施工。工程施工应以设计图纸和施工质量验收规范为依据。

1.13.1 材料要求

(1)水泥。用强度等级不低于32.5级的普通硅酸盐水泥,要求新鲜无结块。

(2)砂。用中砂,其细度模数应控制在2.3～2.6,级配空隙率小于35%,应洁净无杂质,含泥量不大于3%。

(3)碎石。采用花岗石或石英石,严禁使用松散多空和吸水率大的石子。石料坚实,组织细致,吸水率小,粒径为5～15mm,最大不应大于20mm,空隙率小于45%,含泥量不应大于1%。

(4)外加剂。B型防油渗剂(或密实剂)、减水剂、加气剂或塑化剂,其质量应符合产品质量标准,并有生产厂家产品合格证。其掺入量应由试验确定。防油渗涂料应具有耐油、耐磨、耐火和粘结性能。

(5)玻璃纤维布。用无碱网格布。

(6)防油渗涂料。应按设计要求选用,符合产品质量标准,并按使用说明书配制。产品具有耐油、耐磨、耐火和粘结性能,抗拉粘结强度不应小于0.3MPa。

(7)防油渗面层应采用防油渗混凝土或防油渗涂料涂刷。

1.13.2 主要机具设备

(1)机械设备。包括混凝土搅拌机、平板式振动器、机动翻斗车。

(2)主要工具。包括水桶、半截桶、铁滚子、橡皮刮板或油漆刮刀、大小平锹、2m刮杠、木抹子、铁抹子、钢丝刷、磅秤、手推胶轮车等。

1.13.3 作业条件

(1)混凝土基层(垫层)已按设计要求施工完成,混凝土强度达到5MPa以上。

(2)厂房内抹灰、门窗框、预埋件及各种管道、地漏等已安装完毕,经检查合格,地漏口已遮盖,并办理预检手续。

(3)已在墙面或结构面弹出或设置控制面层标高和排水坡度的水平基准线或标志;分格线已按要求设置,地漏处已找好泛水及标高。

(4)层面已做好防水层并有防雨措施。

(5)面层材料已进场,并经检查处理,符合质量要求;试验室根据现场材料,通过试验,已确定配合比。

(6)办好作业层的结构隐蔽验收手续。

1.13.4 施工操作工艺

工艺流程:找标高、弹面层水平线→基层处理→涂刷底子油→设置防油渗隔离层→抹灰饼冲筋→浇筑防油渗混凝土面层→抹面层压光→养护。

(1)防油渗混凝土配制。防油渗混凝土系在普通混凝土中掺加防油渗剂或外加剂而成。应按设计要求或产品说明书配制,其配合比通过试验确定。试配参考配合比为:水泥∶砂∶石子∶水∶B型防油渗剂=1∶1.79∶2.996∶0.5∶适量(按生产厂说明书使用)(重量比)。材料应严格计量,用机械搅拌,投料程序为:碎石→水泥→砂→水和B型防油渗剂(稀释溶液)。拌和要均匀,搅拌至颜色一致;搅拌时间不少于2min,浇筑时坍落度不宜大于10mm。

(2)防油渗水泥浆配制。

1)防油渗水泥浆配制:应符合设计要求,一般将氯乙烯-偏氯乙烯混合乳液和水,按1∶1配合比搅拌均匀后,边拌边加入水泥,按要求加入量加入后,充分拌和后即可使用。

2)防油渗胶泥底子油的配制:先将已熬制好的防油渗胶泥自然冷却至85～90℃,边搅拌边缓慢加入按配合比所需要的二甲苯和环已酮的混合溶液,搅拌至胶泥全部溶解即成底子油。如暂时存放,需置于有盖的容器中,以防止溶剂挥发。

(3)清理基层。将基层表面的泥土、浆皮、灰渣及杂物清理干净,油污清洗掉。铺抹找平层前1d将基层湿润,但无积水。

(4)抹找平层。在基层表面刷素水泥浆一度,在其上抹一层厚15～20mm,配合比为1∶3的水泥砂浆找平层,使表面平整、粗糙。

(5)防油渗隔离层设置(根据设计要求)。

1)防油渗隔离层一般采用一布二胶防油渗胶泥玻璃纤维布(用无碱网格布),其厚度为4mm。采用的防油渗胶泥(或弹性多功能聚胺酯类涂膜材料),其厚度为1.5～2.0mm。

2)铺设隔离层时先在洁净基层上涂刷防油渗胶泥底子油一遍,然后再将加温(85～90℃)的防油渗胶泥均匀涂抹一遍,随后将玻璃布粘贴覆盖,其搭接宽度不得小于100mm;与墙、柱连接处的涂刷应向上翻边,其高度不得小于30mm,表面再涂抹一遍胶泥,一布二胶防油渗隔离层完成后,经检查符合要求,即可进行面层施工。

(6)面层铺设。

1)防油渗混凝土面层铺设,如面积很大,宜分区段浇筑,按厂房柱网进行划分,每区段面积不宜大于50m²。分格缝应设置纵、横向伸缩缝,纵向分格缝间距为3～6m,横向为6～9m,并应与建筑轴线对齐。分格缝的深度为面层的总厚度,上下贯通,其宽度为15～20mm。

2)面层铺设前应按设计尺寸弹线,支设分格缝模板,找好标高。

3)在整浇水泥基层上或做隔离层的表面上铺设防油渗面层时,其表面必须平整、洁净、干燥,不得有起砂现象。铺设前应满涂刷防油渗水泥浆结合层一遍,然后随刷随铺设防油渗混凝土,用直尺刮平,并用振动器振捣密实,不得漏振,然后再用铁抹子将表面抹平压光,吸水后,终凝前再压光2～3遍,至表面无印痕为止。

4)防油渗混凝土面层内不得敷设管线。凡露出面层的电缆管、接线盒、预埋套管和地脚螺栓等的处理,以及与墙、柱、变形缝、孔洞等连接处的泛水构造均应符合设计要求。

5)防油渗面层采用防油渗涂料时,材料应按设计要求选用,涂层厚度宜为5～7mm。

(7)分格缝处理。

1)防油渗面层分格缝构造做法如图1.13.4所示。

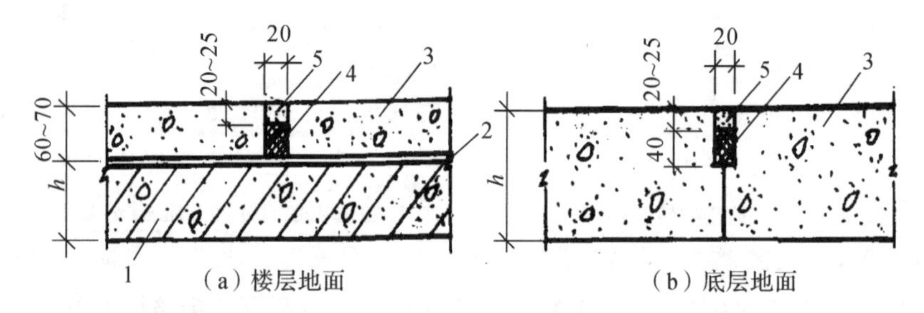

1—水泥基层;2——布二胶隔离层;3—防油渗混凝土面层;4—防油渗胶泥;5—膨胀水泥砂浆

图1.13.4　防油渗面层分格缝构造做法(单位:mm)

2)分格条木板在混凝土终凝后取出并修好，当防油渗混凝土面层的强度达到 5MPa 时，将分格缝内清理干净，并干燥，涂刷一遍防油渗胶泥底子油后，应趁热灌注防油渗胶泥材料，亦可采用弹性多功能聚胺酯类涂膜材料嵌缝，缝的上部留 20～25mm 深度采用膨胀水泥砂浆封缝。

(8)养护。防油渗混凝土浇筑完 12h 后，表面应覆盖草袋，浇水养护不少于 14d。

1.13.5 质量标准

(1)主控项目。

1)防油渗混凝土所用的水泥应采用普通硅酸盐水泥，其强度等级应不小于 32.5 级；碎石应采用花岗石或石英石，严禁使用松散多孔和吸水率大的石子，粒径为 5～15mm，其最大粒径不应大于 20mm，含泥量不应大于 1%；砂应为中砂，洁净无杂物，其细度模数应为 2.3～2.6；掺入的外加剂和防油渗剂应符合有关标准。防油渗涂料应具有耐油、耐磨、耐火和粘结性能。检验方法：观察检查和检查材质合格证明文件及检测报告。

2)防油渗混凝土的强度等级和抗渗性能必须符合设计要求，且强度等级不应小于 C30；防油渗涂料抗拉粘结强度不应小于 0.3MPa。检验方法：检查配合比试验报告、强度等级检测报告、粘结强度检测报告。检查数量：配合比试验报告按同一工程、同一强度等级、同一配合比检查一次；强度等级按《建筑地面工程施工质量验收规范》(GB 50209—2010)第 3.0.21 条检查；抗拉粘结强度检测报告按同一工程、同一涂料品种、同一生产厂家、同一型号、同一规格、同一批号检查一次。

3)防油渗混凝土面层与下一层应结合牢固、无空鼓。检验方法：用小锤轻击检查。检查数量：按《建筑地面工程施工质量验收规范》(GB 50209—2010)第 3.0.21 条检查。

4)防油渗涂料面层与基层应粘结牢固，严禁有起皮、开裂、漏涂等缺陷。检验方法：观察检查。检查数量：按《建筑地面工程施工质量验收规范》(GB 50209—2010)第 3.0.21 条检查。

(2)一般项目。

1)防油渗面层表面坡度应符合设计要求，不得有倒泛水和积水现象。检验方法：观察和采用泼水或用坡度尺检查。

2)防油渗混凝土面层表面应洁净，不应有裂纹、脱皮、麻面和起砂现象。检验方法：观察检查。

3)踢脚线与柱、墙面应紧密结合，踢脚线高度及出柱、墙厚度应符合设计要求且均匀一致。检验方法：用小锤轻击、钢尺和观察检查。

4)防油渗面层的允许偏差和检验方法见表 1.13.5-1。

表 1.13.5-1 防油渗面层的允许偏差和检验方法

序号	项目	允许偏差/mm	检验方法
1	表面平整度	5	用 2m 靠尺和楔形塞尺检查
2	踢脚线上口平直	4	拉 5m 线，不足 5m 拉通线和尺量检查
3	缝格平直	3	

检查数量:按《建筑地面工程施工质量验收规范》(GB 50209—2010)第3.0.21条检查。

1.13.6 成品保护

(1)面层施工时应防止碰撞损坏门框、管线、预埋铁件、墙角及已完的墙面抹灰等。

(2)施工时注意保护好管线、设备等的位置,防止变形、位移。

(3)操作时注意保护好地漏、出水口等部位,做临时堵口或覆盖,以免灌入砂浆等造成堵塞。

(4)事先埋设好预埋件,已完地面不准再剔凿孔洞。

(5)面层养护时间不应少于7d,其间不允许车辆行走或堆压重物。抗压强度达到5MPa后,方准上人行走。

(6)不得在已做好的面层上拌和砂浆、调配涂料等。

1.13.7 安全措施

(1)防油渗面层使用的化学材料应在阴凉的地方用容器单独存放,以免挥发或发生中毒、烧伤火灾、爆炸事故,并应有防火措施。

(2)配制乳液和底子油胶泥的操作人员应戴胶皮手套和防护眼镜,并应按程序操作。

(3)清理基层时,不允许从窗口、洞口向外乱扔杂物,以免伤人。

(4)熬制防油渗胶泥时,严格执行动火制度,防止火灾,谨防烫伤。

1.13.8 施工注意事项

(1)防油渗混凝土由于掺了外加剂,初凝前有缓凝现象,初凝后有早强现象,施工中应根据这一特性,加强操作质量控制。

(2)在水泥基层上设置隔离层和在隔离层上铺设防油渗面层时,其下一层表面必须洁净,铺设时应刷同类的底子油一遍,以保证良好的结合。

(3)施工温度不应低于5℃,否则应按冬期施工要求,采取保温、防冻措施。

1.13.9 质量记录

(1)水泥、外加剂、防油渗胶泥、防油渗涂料、玻璃纤维布等出厂质量证明书,现场抽样检验报告。

(2)砂、石材料现场抽样检验报告。

(3)混凝土配合比通知单及抗压强度、抗渗性能试验报告。

(4)分项工程质量验收记录。

1.14　不发火(防爆)面层施工工艺标准

不发火(防爆)面层,系采用水泥与不易发火花的粗细骨料配制的拌和物铺设而成。这种面层具有遇冲击、摩擦而不发生火花,耐磨性、耐久性好,表面光滑、美观,能防尘,可清洗等特点。本工艺标准适用于防火、防爆、防尘、耐磨的工业建筑不发火(防爆)面层工程。工程施工应以设计图纸和施工质量验收规范为依据。

1.14.1　材料要求

(1)水泥。用强度等级不低于32.5级的普通硅酸盐水泥,新鲜无结块。

(2)砂。应质地坚硬,多棱角,表面粗糙并有颗粒级配,粒径宜为0.15～5mm,含泥量不应大于3%,有机物含量不应大于0.5%。

(3)碎石。应选用大理石、白云石或其他不发火性的石料加工而成,并以金属或石料撞击时不发生火花为合格。粒径为5～20mm,含泥量小于1%,不含杂质。

(4)分格嵌条。采用不发生火花的材料制成。

(5)面层材料。可选用水泥类或沥青类的拌和物,亦可选用菱苦土、木板、木砖、橡皮或铝板等材料。所选用材料都要经过不发火试验,满足不发火性能及相应标准的要求。

(6)沥青。采用建筑石油沥青或道路石油沥青。

(7)粗细纤维填充料。宜采用6级石棉和锯木屑,使用前应通过2.5mm筛孔的筛子。石棉的含水率不应大于7%;锯木屑的含水率不应大于12%。

(8)粉状填充料。应采用磨细的石料、砂或炉灰、粉煤灰、页岩灰和其他粉状的矿物质材料。不得采用石灰、石膏、泥岩灰或黏土作为粉状填充料。粉状填充料中小于0.08mm的细颗粒含量不应小于75%,并不应大于0.3mm。

1.14.2　主要机具设备

(1)机械设备。包括混凝土搅拌机、机动翻斗车等。

(2)主要工具。包括尖锹、平锹、相应筛孔径的筛子、铁辊筒、木抹子、铁抹子、木刮杠、靠尺、磅秤、手推胶轮车等。

1.14.3　作业条件

(1)混凝土基层(垫层)已按设计要求施工完成,混凝土强度达到5MPa以上。

(2)厂房内抹灰、门窗框、预埋件及各种管道、地漏等已安装完毕,经检查合格,地漏口已遮盖,并办理预检手续。

(3)已在墙面或结构面弹出或设置控制面层标高和排水坡度的水平基准线或标志;分格线已按要求设置,地漏处已找好泛水及标高。

(4)层面已做好防水层并有防雨措施。

(5)面层材料已进场,并经检查处理,符合质量要求;试验室根据现场材料,通过试验,已确定配合比。

(6)办好作业层的结构隐蔽验收手续。

1.14.4 施工操作工艺

工艺流程:清理基层→打底灰→铺改面层→养护。

(1)混凝土配制。不发火混凝土面层强度等级一般为C20,施工参考配合比为:水泥∶砂∶碎石∶水=1∶1.74∶2.83∶0.58(重量比)。材料应严格计量,用机械搅拌,投料程序为:碎石→水泥→砂→水。要求搅拌均匀,至颜色一致;搅拌时间不少于90s,配制好的拌和物在2h内用完。

(2)清理基层。将基层表面的泥土、浆皮、灰渣及杂物清理干净,油污清洗掉,铺抹打底灰前1d,将基层湿润,但无积水。

(3)打底灰。如基层凹洼不平,应按常规方法在表面抹素水泥浆一度,在其上抹一层厚15~20mm,配合比为1∶3的水泥砂浆找平层,使表面平整、粗糙。如基层表面平整,亦可不抹找平层,直接在其上铺设面层。

(4)铺设面层。铺时预先用木板隔成宽不大于3m的区段,先在已湿润的基层表面均匀扫一道素水泥浆,随即分仓顺序摊铺,随铺随用长木杠刮平、拍实;表面凹陷处,应用混凝土填补平,然后再用长木杠刮一次,用木抹子搓平。紧接着用铁辊筒纵横交错来回滚压3~5遍至表面出浆,用木抹搓平,用铁抹子压光。待收水后再压光2~3遍,至纹痕抹平压光为止。

(5)养护。最后一遍压光完后24h,可洒水养护,或护盖锯末、塑料编织袋洒水养护,时间不少于7d。养护期间不允许上人走动和堆放物品。

1.14.5 质量标准

(1)主控项目。

1)不发火(防爆)面层中碎石的不发火性必须合格;砂应质地坚硬、表面粗糙,其粒径宜为0.15~5mm,含泥量不应大于3%,有机物含量不应大于0.5%;水泥应采用硅酸盐水泥、普通硅酸盐水泥,其强度等级不应小于32.5级;面层分格的嵌条应采用不发生火花的材料配制。配制时应随时检查,不得混入金属或其他易发生火花的杂质。检验方法:观察检查和检查材质合格证明文件及检测报告。

2)不发火(防爆)面层的强度等级应符合设计要求。检验方法:检查配合比试验报告和强度等级检测报告。

3)面层与下一层应结合牢固,且应无空鼓和裂纹。当出现空鼓时,空鼓面积不应大于$400cm^2$,且每自然间或标准间不应多于2处。检验方法:观察和用小锤轻击检查。

4)不发火(防爆)面层的试件应检验合格。检验方法:检查检测报告。

(2)一般项目。

1)面层表面应密实,无裂缝、蜂窝、麻面等缺陷。检验方法:观察检查。

2)踢脚线与柱、墙面应紧密结合,踢脚线高度及出柱、墙厚度应符合设计要求且均匀一致。当出现空鼓时,局部空鼓长度不应大于 300mm,且每自然间或标准间不应多于 2 处。检验方法:用小锤轻击、钢尺和观察检查。

3)不发火(防爆)面层的允许偏差和检验方法见表 1.14.5-1。

表 1.14.5-1 不发火(防爆)面层的允许偏差和检验方法

序号	项目	允许偏差/mm	检验方法
1	表面平整度	5	用 2m 靠尺和楔形塞尺检查
2	踢脚线上口平直	4	拉 5m 线,不足 5m 拉通线和尺量检查
3	缝格平直	3	

1.14.6 成品保护

与第 1.4.6 节水泥砂浆面层成品保护相同。

1.14.7 安全措施

与第 1.4.7 节水泥砂浆面层安全措施相同。

1.14.8 施工注意事项

(1)原材料加工和配制时,应注意随时检查材质,不得混入金属细粒或其他易产生火花的杂质。

(2)不发火(防爆)面层采用的石料和硬化后的试件,均应在金刚砂轮上做摩擦试验,在试验中没有发现任何瞬时的火花,即认为合格。试验时应符合现行国家规范《建筑地面工程施工质量验收规范》(GB 50209—2010)附录 A“不发火(防爆)建筑地面材料及其制品不发火性的试验方法”的规定。

(3)面层压光时,如混凝土过稠,不得随意加水;如混凝土过稀,不得掺加干水泥面。但可分别掺加同配合比较稀或较稠混凝土,调拌后压光,以防降低面层强度或造成表面起皮。

(4)施工温度不应低于 5℃,否则应按冬期施工要求采取保温、防冻措施。

1.14.9 质量记录

(1)水泥出厂质量检验报告和现场抽样检验报告。

(2)砂、石子现场抽样检验报告。

(3)石子不发火试验报告。

(4)不发火地面面层分项工程检验批施工质量验收记录。

1.15 活动(网络、架空)地板面层施工工艺标准

本工艺标准主要用于建筑装饰装修工程计算机房、变电控制室、程控交换机房、自动化控制室、电视发射台等场所有防尘、防静电要求的地板铺设。工程施工应以设计图纸和施工质量验收规范为依据。

1.15.1 材料准备

活动(网络、架空)地板面层用于有防尘和防静电要求的专业用房的建筑地面。采用特制的平压刨花板为基材,表面饰以装饰板,底层用镀锌板经粘结胶合组成的活动(网络、架空)地面层,配以横梁、橡胶垫条和可供调节高度的金属支架组装成架空板在混凝土楼面层(或基层)上铺设。常用规格为 600mm×600mm 和 500mm×500mm 两种。其构造见图 1.15.1-1,材质要求如下。

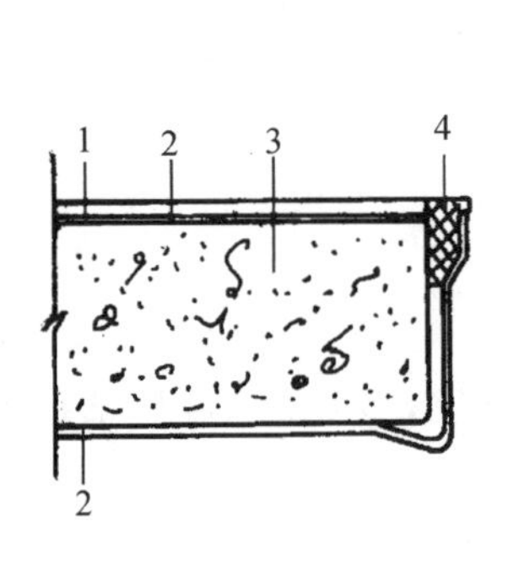

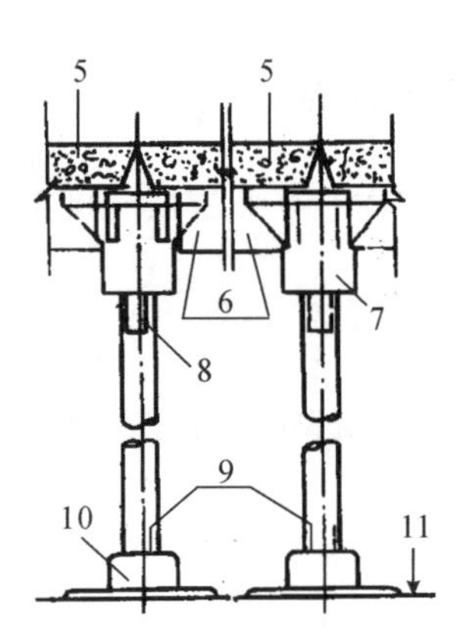

1—柔元高压三聚氰胺贴面板;2—镀锌铁板;3—刨花板基材;4—橡胶密封条;
5—活动地板面层;6—横梁;7—柱帽;8—螺栓;9—活动支架;10—底座;11—楼地面标高

图 1.15.1-1 活动(网络、架空)地板面层构造

(1)活动(网络、架空)地板所有的支座柱和横梁应构成框架一体,并与基层连接牢固;支座抄平后高度应符合设计要求。

(2)活动(网络、架空)地板面层包括标准地板、异形地板和地板附件(即支架和横梁组件)。采用的活动(网络、架空)地板面层应平整、坚实,面层承载力不得小于 7.5MPa,其系统电阻:A 级板为 $1.0\times10^{5}\sim1.0\times10^{8}\Omega$;B 级板为 $1.0\times10^{5}\sim1.0\times10^{10}\Omega$。

(3)环氧树脂胶、滑石粉、泡沫塑料条、木条、橡胶条、铝型材、钢板等材质各项技术性能与技术指标应符合设计要求和现行的有关产品标准的规定。

(4)活动(网络、架空)地板面层包括标准地板和异形地板。异形地板有旋流风口地板、可调风口地板、大通风量地板和走线口地板。

(5)活动(网络、架空)地板面层金属支承在现浇水泥砼基层(或面层)上,基层表面应平整、光洁、不起灰。

(6)当房间防静电要求较高时,需要接地,应将活动(网络、架空)地板面层金属支架、横梁连通跨接,并与接地体相连。

1.15.2 主要机具设备

主要机具设备包括水平仪、铁制水平尺、2～3m 靠尺板、墨斗(或粉线包)、小线、线坠、笤帚、盒尺、钢尺、钉子、铁丝、红铅笔、油刷、开刀、吸盘、手推车、铁簸箕、小铁锤、裁改板面用的圆盘锯、无齿锯、木工用截料锯、刀锯、手刨、磅秤、钢丝钳子、小水桶、棉丝、小方锹、螺丝扳手等。

1.15.3 作业条件

(1)楼(地)面基层混凝土或水泥砂浆已达到设计要求,表面平整度验收合格。

(2)室内湿作业已全部完工,预埋件已预埋好。

(3)室内地板下的管线敷设完毕,并验收合格。

(4)各房间长宽尺寸按设计核对无误。墙面+50cm 水平标高线已经弹好。

(5)面层、桁条、可调支柱、底座等分类清点码放备用。

(6)室内各项工程完工和超过地面层承载力的设备进入房间预定位置以及相邻房间内部也全部完工,不得交叉施工。

(7)进行图纸会审,以符合现行国家设计与施工规范的要求。

(8)施工前应有施工方案,并先做样板间,再经过详细的技术交底,方可大面积施工。

1.15.4 施工操作工艺

工艺流程:基层清理→找中、套方、分格、弹线→安装支座和横梁组件→铺设活动(网络、架空)地板面层→清擦和打蜡。

(1)基层清理。基层上一切杂物、尘埃清扫干净。基层表面应平整、光洁、干燥、不起灰。安装前清扫干净,并根据设计要求,在其表面涂刷 1～2 遍清漆或防尘剂,涂刷后不允许有脱皮现象。

(2)弹线。

1)按设计要求,在基层上弹出支柱(架)定位方格十字线,测量底座水平标高,将底座就位。同时,在墙四周测好支柱(架)水平线。

2)铺设活动(网络、架空)地板面层前,室内四周的墙面应设置标高控制位置,并按选定的铺设方向和顺序设基准点。在基层表面上按面层尺寸弹线形成方格网,标出地面层的安装位置和高度,并标明设备预留部位。

(3)安装支柱架。

1)将底座摆平在支座点上,核对中心线后,安装钢支柱(架),按支柱(架)顶面标高,拉纵横水平通线调整支柱(架)活动杆顶面标高并固定。再次用水平仪逐点抄平,水平尺校准支柱(架)托板。

2)为使活动(网络、架空)地板面层与走道或房间的建筑地面面层连接好,应通过面层的标高选用金属支架型号。

3)活动(网络、架空)地板面层的金属支架应支承在现浇混凝土基层上。其混凝土强度等级应符合设计要求。

(4)安装桁条(搁栅)。

1)支柱(架)顶调平后,弹安装桁条(搁栅)线,从房间中央开始,安装桁条(搁栅)。桁条(搁珊)安装完毕,测量桁条(搁栅)表面平整度、方正度至合格为止。

2)底座与基层之间注入环氧树脂,使之垫平并连接牢固,然后复测再次调平。如设计要求桁条(搁栅)与四周预埋铁件固定,可用连接板与桁条用螺栓连接或焊接。

3)先将活动(网络、架空)地板各部件组装好,以基准线为准,按安装顺序在方格网交点处安放支架和横梁,固定支架的底座,连接支架和框架。在安装过程中要随时抄平,转动支座螺杆,调整每个支座面的高度至全室等高,并使每个支架受力均匀。

4)在所有支座柱和横梁构成的框架成为一体后,应用水平仪抄平。然后将环氧树脂注入支架底座与混凝土基层之间的空隙内,使之连接牢固,亦可用膨胀螺栓或射钉连接。

(5)安装活动(网络、架空)地板。

1)在桁条(搁栅)上按活动(网络、架空)地板尺寸弹出分格线,按线安装,并调整好活动(网络、架空)地板缝隙使之顺直。

2)铺设活动(网络、架空)地板面层的标高,应按设计要求确定。当房间平面是矩形时,其相邻墙体应相互垂直;与活动(网络、架空)地板接触的墙面的缝应顺直,其偏差每米不应大于 2mm。

3)根据房间平面尺寸、设备和活动(网络、架空)地板模数选择面层的铺设方向。当平面尺寸符合活动(网络、架空)地板模数,而室内无控制柜设备时,宜由里向外铺设;当平面尺寸不符合活动(网络、架空)地板模数时,宜由外向里铺设。当室内有控制柜设备且需要预留洞口时,铺设方向和先后顺序应综合考虑选定。

4)在横梁上铺放缓冲胶条时,应采用乳胶液与横梁粘合。铺设活动(网络、架空)地板面层应用吸盘,垂直放入横梁间方格,以保证四角接触处平整、严密,但不得采用加垫的方法。

(6)当铺设的活动(网络、架空)地板不符合模数时,可根据实际尺寸将板面切割后镶补,并配装相应的可调支撑和横梁。切割边不经处理不得镶补安装,并不得有局部膨胀变形情况。

(7)活动(网络、架空)地板在门口处或预留洞口处应符合设置构造要求,四周侧边应用耐磨硬质板材封闭或用镀锌钢板包裹,胶条封边应耐磨。

(8)活动(网络、架空)地板与柱、墙面接缝处的处理应符合设计要求,设计无要求时应做成木踢脚线;通风口处,应选用异形活动(网络、架空)地板铺贴。

(9)用于电子信息系统机房的活动(网络、架空)地板面层及下面需要装的线槽和管道,应在铺设地板前先放在建筑地面上,符合国家标准《电子信息系统机房施工及验收规范》(GB 50462—2015)的有关规定。

(10)活动(网络、架空)地板面层的安装或开启,应使用吸板器或橡胶皮碗,并做到轻拿轻放,不应采用铁器硬撬。

(11)在全部设备就位和地下管、电缆安装完毕后,还应抄平一次,调整至符合设计要求,最后对板面进行全面清理。

1.15.5 质量标准

(1)主控项目。

1)活动(网络、架空)地板面层应符合设计要求和国家现行有关标准的规定,且应具有耐磨、防潮、阻燃、耐污染、耐老化和导静电等特点。检验方法:观察检查和检查型式检验报告、出厂检验报告、出厂合格证。检查数量:按同一工程、同一材料、同一生产厂家、同一型号、同一规格、同一批号检查一次。

2)活动(网络、架空)地板面层应安装牢固,无裂纹、掉角和缺楞等缺陷。检验方法:观察和行走检查。检查数量:按《建筑地面工程施工质量验收规范》(GB 50209—2010)第 3.0.21 条检查。

(2)一般项目。

1)活动(网络、架空)地板面层应排列整齐、表面洁净、色泽一致、接缝均匀、周边顺直。检验方法:观察检查。

2)活动(网络、架空)地板面层的允许偏差和检验方法见表 1.15.5-1。

表 1.15.5-1 活动地板面层允许偏差和检验方法

序号	项目	允许偏差/mm	检验方法
1	表面平整度	2.0	用 2m 靠尺和楔形塞尺检查
2	缝格平直	2.5	拉 5m 线,不足 5m 拉通线和尺量检查
3	踢脚线上口平直	—	拉 5m 线,不足 5m 拉通线和尺量检查
4	接缝高低差	0.4	尺量和楔形塞尺检查
5	面层间隙宽度	0.3	用钢尺检查

检查数量:按《建筑地面工程施工质量验收规范》(GB 50209—2010)第 3.0.21 条检查。

(3)质量抽检。

1)活动(网络、架空)地板的规格尺寸及外观质量,由厂家质量检验部门进行普检,在成批交付产品时,在每批中抽取 3%(不得少于 20 张)逐张进行尺度检查和外观质量检验。如合格率低于 95%,应加倍抽样复验;如复验合格率仍低于 95%,则应对该批产品进行逐张检验。

2)活动(网络、架空)地板的物理力学性能检验,应在每批提交的产品中,任意抽取 1%(不少于 3 张)进行检验。

3)检验内容:尺寸、翘曲度、邻边垂直度、集中荷载、抗静电性能等检验。

1.15.6 成品保护

(1)操作过程中应注意保护好已完成的各分部分项工程成品的质量,运输和施工操作中,要保护好门窗框扇,特别是铝合金门窗框扇及玻璃、墙面、踢脚等。

(2)在活动(网络、架空)地板上放置重物时其荷载应符合设计允许值,并应避免将重物在地板上拖拉,其触面也不应太小。必须放置重物时应用木板进行垫衬。重物引起的集中荷载过大时,应在受力点处用支架加强。

(3)在地板上行走或作业,禁穿带钉子的鞋,也不可用锐物和硬物在地板表面划擦及敲击,以免损坏地板表面。

(4)地板面的清洁应用软布沾洗涤剂擦,再用干软布擦干,严禁用拖把沾水擦洗,以免边角进水,影响产品使用寿命。施工过程中,当面层受环氧树脂和乳胶液体污染时,必须随即擦干净。

(5)日常清扫应使用吸尘器,以免灰尘飞扬及灰尘落入板缝,影响抗静电性能。为保证地板清洁,可涂擦地板蜡。

1.15.7 安全与环保措施

(1)参加操作人员必须经防火、防燃安全教育后方可参加操作。

(2)施工房间应空气流通,打开门窗,通风换气。

(3)施工房间内必须设有足够的消防用具,如灭火器等。

(4)绝对禁止在施工现场内吸烟,以防引起火灾。

(5)施工噪声应符合有关规定,并对噪声进行测量,注明测量时间、地点、方法,做好噪声测量记录,以验证噪声排放是否符合要求,超标时应及时采取措施。

(6)固体废弃物应按“可利用”“不可利用”“有毒害”等进行标识。可利用的垃圾分类存放,不可利用垃圾存放在垃圾场,及时通知运走,有毒害的物品如胶粘剂等应用桶存放。

1.15.8 施工注意事项

(1)防止地板板面受损伤,避免污染,产品应储存在清洁、干燥的包装箱中,板与板之间应放软垫隔离层,包装箱应结实耐压。

(2)产品运输时,应防止雨淋,日光暴晒,并须轻拿轻放,防止磕碰。

(3)活动(网络、架空)地板施工时要保证地板尺寸、规格一致,不使铺贴过程缝隙控制线失去作用,施工时应注意规格尺寸的检查和面层的切割,以免造成相邻面层之间、面层与四周墙面间隙过大。

(4)要注意桁条(搁珊)平整度偏差,铺贴前应对桁条(搁栅)表面平整度进行检查验收,水平度、平整度不符合要求的应及时处理,以免造成表面平整度偏差过大。

(5)活动(网络、架空)地板所有的支座柱和横梁应构成框架一体,并与基层连接牢固;支架抄平后高度应符合设计要求。

(6)活动(网络、架空)地板面层的金属支架应支承在现浇混凝土基层(或面层)上,基层表面应平整、光洁、不起灰。

(7)活动面层与横梁接触搁置处应达到四角平整、严密。

(8)当活动(网络、架空)地板不符合模数时,其不足部分在现场根据实际尺寸将面层切割后镶补,并配装相应的可调支撑和横梁。切割边不经处理不得镶补安装,并不得有局部膨胀变形情况。

(9)活动(网络、架空)地板在门口处或预留洞口处应符合设置构造要求,四周侧边应用耐磨硬质板材封闭或用镀锌钢板包裹,胶条封边应符合耐磨要求。

1.15.9 质量记录

(1)原材料的出厂检验报告和质量合格保证文件、材料进场检(试)验报告(含抽样报告)。

(2)隐蔽验收及其他有关验收文件。

(3)活动(网络、架空)地板地面工程的质量验收时,对面层铺设采用的胶粘剂等,应提供TVOC和游离甲醛限量、苯限量、放射性指标限量、氡浓度等的材料证明资料。

(4)分项工程的质量检验记录。

(5)施工日记。

1.16 地毯面层施工工艺标准

本工艺标准主要适用于建筑装饰装修的宾馆、饭店、公共场所和重要的高级办公室等室内的地面与楼面铺设地毯施工。工程施工应以设计图纸和施工质量验收规范为依据。

1.16.1 材料准备

(1)地毯的品种、规格、颜色、主要性能和技术指标必须符合设计要求并具有相应的出厂合格证明。

1)羊毛地毯:以纯羊毛加工制成,分手工织及机织两种。

2)纯羊毛无纺地毯:以纯羊毛无纺加工而成。

3)化纤地毯:以丙纶或腈纶为原料,经簇绒法和机织法制成面层,再与麻布背衬加工而成。

4)合成化纤裁绒地毯:以聚氯乙烯树脂、增塑剂等为原料,经混炼、塑制而成。

(2)衬垫。衬垫品种、规格、主要性能和技术指标必须符合设计要求,应有出厂质量证明书。

(3)胶粘剂。环保无毒、不发霉、快干,0.5h之内使用张紧器时不脱缝,对地面有足够的粘结强度,可剥离,施工方便的胶粘剂均可用于地毯和地面。地毯与地毯连接拼缝处的粘接,一般采用由天然乳胶添加增稠剂、防霉剂等制成的胶粘剂。

(4)倒刺钉板条。在1200mm×24mm×6mm的三合板条上钉有两排斜钉(间距为35~40mm),还有五个钢钉(间距约为400mm,分别距两端约100mm)。

(5)铝合金倒刺条。用于地毯端头露明处,起到固定和收边作用。多用在外门口或与其他材料的地面相接处。

(6)铝压条。宜采用厚度为2mm左右的铝合金材料制成,用于门框下的地面收口处,压住地毯的边缘,使其免于被踢起或损坏。

1.16.2 主要机具设备

主要机具设备包括裁毯子机、裁边机、地毯撑子(大撑子撑头、大撑子撑脚、小撑子)、扁铲、墩拐、手枪钻、割刀、剪刀、尖嘴钳子、漆刷橡胶压边滚筒、熨斗、角尺、直尺、手锤、钢钉、小钉、吸尘器、垃圾桶、盛胶容器、钢尺、合尺、弹线粉袋、小线、扫帚、胶轮轻便运料车、铁簸箕、棉丝和工具袋、拖鞋等。

1.16.3 作业条件

(1)在铺设地毯前,室内装饰其他分项必须施工完毕。室内的重型设备均已就位并调试,运行正常,经专业验收合格。其他设备工程均已验收完毕,并经核查全部达到合格标准。

(2)铺设地面地毯基层的底层必须做防潮层(如一毡二油、水乳型橡胶沥青一布二油防潮层等),并在防潮层上面做 50mm 厚、1∶2∶3 细石砼、1∶1 水泥砂撒压实赶光,要求表面平整、光滑、洁净,应具有一定的强度,含水率不大于 8%。

(3)铺设楼面地毯的基层,一般是水泥楼面,也可以是木地板或其他材质的楼面。要求表面平整、光滑、洁净,如有油污,必须用丙酮或松节油擦净。水泥楼面应有一定的强度,不得有起砂、空鼓、裂缝等,含水率不大于 8%。

(4)地毯、衬垫和胶粘剂等进场后应检查核对数量、品种、规格、颜色、图案等是否符合设计要求,应将其按品种、规格分别存放在干燥的仓库或房间内。使用前要预铺、配花、编号,铺设时按号取用。

(5)做好需要铺设地毯的房间、走道等四周的踢脚板。踢脚板下口均应离开地面 8mm 左右,以便于将地毯毛边掩入踢脚板下;大面积施工前应在施工区域内放出施工大样,并做完样板,经质量部门鉴定合格后按照样板的要求进行施工。

1.16.4 施工操作工艺

工艺流程:基层处理→弹线、分格、定位→地毯剪裁→钉倒刺条→铺弹性垫层→铺设地毯→细部处理、修整、清理。

(1)基层处理。将铺设地毯的地面清理干净,保证地面干燥,并且要有一定的强度。检查地面的平整度偏差不大于 4mm,地面基层含水率不得大于 8%,满足要求后再进行下一道工序。

(2)弹线、分格、定位。严格按照设计图纸要求对房间的各个部分和房间的具体要求进行弹线、套方、分格。如无设计要求,应按照房间对称找中并弹线定位铺设。

(3)地毯裁割。地毯裁割应在比较宽阔的地方统一进行,并按照每个房间实际尺寸,计算地毯的裁割尺寸,在地毯背面弹线、编号。原则是地毯的经线方向应与房间长向一致。地毯的每一边长度应比实际尺寸长出 2cm 左右,宽度方向以地毯边缘线后的尺寸计算。按照背面的弹线用手推裁刀从背面裁切,并将裁切好的地毯卷边上号,存放在相应的房间位置。

(4)钉倒刺条。沿房间墙边或走道四周的踢脚板边缘,用高强水泥钉(钉朝墙方向)将钉倒刺条固定在基层上,水泥钉长度一般为 4～5cm,倒刺板离踢脚板面 8～10mm;钉倒刺板应用钢钉，相邻两个钉子的距离控制在300～400mm；钉倒刺板时不得损伤踢脚板。

(5)铺弹性垫层。垫层应按照倒刺板的净距离下料，避免铺设后垫层皱褶，覆盖倒刺板或远离倒刺板。设置垫层拼缝时，应与地毯拼缝至少错开150mm。衬垫用点粘法刷聚醋乙烯乳胶，粘贴在地面上。

(6)铺设地毯。

1)地毯拼缝。拼缝前要判断好地毯的编织方向，以避免缝两边的地毯绒毛排列方向不一致。地毯缝用地毯胶带连接，在地毯拼缝位置的地面上弹一直线，沿线铺好胶带，两侧地毯对缝压在胶带上，然后用熨斗在胶带上熨烫，使胶层溶化，随熨斗的移动立即把地毯紧压在胶带上。接缝以后用剪子将接口处的绒毛修齐。

2)找平。先将地毯的一条长边固定在倒刺板上，并将毛边掩到踢脚板下，用地毯撑拉伸地毯。拉伸时，用手压住地毯撑，用膝撞击地毯撑，从一边一步一步推向另一边，由此反复操作，将四边的地毯固定在四周的倒刺板上，并将长出的部分地毯裁去。

3)固定收边。地毯刮在倒刺板上要轻轻敲击一下，使倒刺全部勾住地毯，以免挂不实而引起地毯松弛。地毯全部展平拉直后，应把多余的地毯边裁去，再用扁铲将地毯边缘塞进踢脚板和倒刺之间。当地毯下无衬垫时，在地毯的拼接和边缘处可采用麻布带与胶粘剂粘接固定(多用于化纤地毯)。

(7)细部处理、修整、清理。施工要注意门口压条的处理以及门框、走道与门厅等不同部位、不同材料的交圈和衔接收口的处理；固定、收边、掩边必须粘结牢固，不应有显露、找补等，特别注意拼接地毯的色调和花纹的对形，不能有错位等现象。铺设工作完成后，因接缝、收边裁下的边料和因扒齿拉伸掉下的绒毛、纤维应打扫干净，并用吸尘器将地毯表面全部吸一遍。

1.16.5 质量标准

(1)主控项目。

1)地毯面层采用的材料应符合设计要求和国家现行有关标准规定。检验方法：观察检查和检查型式检验报告、出厂检验报告、出厂合格证。检查数量：按同一工程、同一材料、同一生产厂家、同一型号、同一规格、同一批号检查一次。

2)地毯面层采用的材料进入施工现场时，应有地毯、衬垫、胶粘剂的挥发性有机化合物(VOC)和甲醛限量合格的检测报告。检验方法：观察检测报告。检查数量：按同一工程、同一材料、同一生产厂家、同一型号、同一规格、同一批号检查一次。

3)地毯表面应平服，拼缝处应粘贴牢固，严密平整，图案吻合。检验方法：观察检查。检查数量：按《建筑地面工程施工质量验收规范》(GB 50209—2010)第3.0.21条检查。

(2)一般项目。

1)地毯表面不应起鼓、起皱、卷边、显拼缝、露线和毛边，绒面毛应顺光一致，毯面应洁净，无污染和损伤。

2)地毯与其他面层连接处、收口处和墙边、柱子周围应顺直、压紧。检验方法：观察检查。按《建筑地面工程施工质量验收规范》(GB 50209—2010)第3.0.21条检查。

1.16.6 成品保护

(1)运输、操作。在运输过程中注意保护已完成的各分项工程的质量,在操作过程中保护好门窗框扇、墙纸、踢脚板等成品,避免损坏和污染,应采取保护固定措施。

(2)地毯存放。地毯材料进场后注意对贵重物品在存放、运输、操作过程中的保管。应避免风吹雨淋,防潮、防火、防踩。

(3)施工现场管理。施工过程中应注意对倒刺板和钢钉等的使用和保管,及时回收和清理切断的零头、倒刺板、挂毯条和散落的钢钉,避免钉子扎脚、划伤地毯和把散落的钢钉铺垫在垫层与面层下面,否则必须返工取出。

(4)加强交接管理。严格执行工序交接制度,每道工序施工完成后,应及时交接,将地毯上的污物及时清理干净。操作现场严禁吸烟,加强现场的消防管理。

1.16.7 安全与环保措施

(1)参加操作人员必须经防火、防燃安全教育后方可参加操作。

(2)施工房间应空气流通,打开门窗,通风换气。

(3)施工房间内必须设有足够的消防用具,如灭火器等。

(4)绝对禁止在施工现场内吸烟,以防引起火灾。

(5)施工噪声应符合有关规定,并对噪声进行测量,注明测量时间、地点、方法,做好噪声测量记录,以验证噪声排放是否符合要求,超标时应及时采取措施。

(6)固体废弃物应按“可利用”“不可利用”“有毒害”等进行标识。可利用的垃圾分类存放,不可利用垃圾存放在垃圾场,及时通知运走,有毒害的物品如胶粘剂等应用桶存放。

1.16.8 施工注意事项

(1)压边粘接容易产生松动及发霉等现象。应有产品出厂合格证,必要时复试,并事先做试铺工作。

(2)若地毯表面不平、起皱、鼓包等,主要发生在铺设地毯这道工序时,多因未认真按照操作工艺中的缝合、拉伸与固定以及用胶粘剂粘接固定等要求去做所致。

(3)拼缝不平、不实,主要发生在地毯与其他地面的收口或交接处,严重者应返工处理,如问题不太大,可采取加衬垫的方法用胶粘剂把衬垫粘牢,同时要把面层和垫层拼缝处粘合好,要严密、紧凑、结实,并满刷胶粘剂,以加固。

(4)涂刷胶粘剂时若不注意,往往容易污染踢脚板、门框扇等,所以应认真精心操作,并采取利用轻便可移动的保护挡板加以保护或随时清擦等措施。

1.16.9 质量记录

(1)地毯及其衬垫出厂检验报告和质量合格保证文件、材料进场检(试)验报告(含抽样报告)。

(2)本分项工程质量验收记录表。

1.17　自流平(环氧树脂)面层施工工艺标准

本工艺标准主要适用于建筑装饰装修工程采用水泥基、石膏基、合成树脂基等拌和物的楼地面铺设施工，常用在地下车库和物业用房、公共场所室内的地面与楼面部位。工程施工应以设计图纸和施工质量验收规范为依据。

1.17.1　材料准备

材料包括环氧树脂地流平涂料、基层处理剂(底油)、面层处理剂、填平修补腻子，填料如石英砂、石英粉。

1.17.2　主要机具设备

主要机具设备包括漆刷或滚筒、盛水桶、低转速搅拌器(400r/min)或电动搅拌枪、专用钉鞋、镘刀、专用齿针刮刀、放气滚筒。

1.17.3　作业条件

(1)全面彻底检查基层，用地面拉拔强度检查仪检测地面抗拉拔强度，从而确定砼垫层的强度，砼抗拉拔的强度宜大于1.5MPa。基层混凝土含水率应小于9%，否则应排除水分后再进行涂装。

(2)清扫地面，将尘土、不结实的混凝土表层、油脂、水泥浆或腻子以及可能影响粘结强度的杂质等清理干净，使基层密实，且表面无松动、无杂物。打磨后仍存在的油渍污染，须用低浓度碱液清洗干净。

(3)基层打磨后所产生的浮土，必须打扫干净(或用锯末彻底清扫)。

(4)如基层出现软弱层或坑洼不平，必须先剔除软弱层，清除杂质，涂刷界面剂后，用高强度混凝土修补平整，并达到充分的强度，方可进行下道工序。

(5)清吸伸缩缝，向伸缩缝内注入发泡胶，胶表面低于伸缩缝表面约20mm；然后涂刷界面剂，干燥后用拌好的自流平砂浆抹平堵严。

1.17.4　施工操作工艺

工艺流程：清理基面→涂刷底涂(间隔时间约30min)→配制自流平浆料→浇注→刮涂面层→专用滚筒消泡(在20min内)→自流平面完成。

(1)清理基面。

1)施工基层应平整、粗糙，清除浮尘、旧涂层等，达到C25以上强度，并做断水处理，不得有积水，应干净、密实。不能有疏松土、松散颗粒、石膏板，涂料、塑料、乙烯树脂、环氧树脂，以及粘结剂残余物、油污、石蜡、养护剂和油腻等污染物附着。

2)新浇混凝土不得少于4周,起壳处需修补平整,密实基面需用机械方法打磨,并用水洗及吸尘器吸净表面疏松颗粒,待其干燥。有坑洞或凹槽处应于1d前以砂浆或腻子先行刮涂整平,超高或凸出点应予铲除或磨平,以节省用料,并提升施工质量。

3)自流平砂浆较刚性,因而须留伸缩缝,可降低收缩影响。

(2)底涂。将底油加水以1∶4稀释后,均匀涂刷在基面上。1kg底油涂布面积为$5m^2$。用漆刷或滚筒将自流平底涂剂涂于处理过的混凝土基面上,涂刷二层,在旧基层上需再增一道底漆。第一层干燥后方可涂第二层(间隔时间为30min左右)。底涂剂用量约为$0.18kg/m^2$,每桶可施工约$110m^2$。底涂剂干燥后进行自流平施工。

(3)配制自流平浆料。先称量7kg的水置于拌和机内,一边搅拌一边加入环氧树脂自流平,直到均匀不见颗粒且流动性佳,再继续搅拌3~4min,使浆料均匀,静置10min左右方可使用。如一次拌和两包,则先加14kg的水,但只能先加一包,搅和至均匀不见颗粒,再加第二包。

(4)刮涂面层。待底油半干后即可浇注浆料,以带齿推刀或刮板加助展开,并控制薄层厚度,再以消泡滚筒处理即成高平整地坪。将搅拌均匀自流平砂浆倒于底涂过的基面上,一次涂抹到所需厚度,用镘刀或专用齿针刮刀摊平,再用放气滚筒放气,待其自流。表面凝结后,不用再涂抹。

1.17.5 质量标准

(1)主控项目。

1)自流平面层的铺涂材料应符合设计要求和国家现行有关标准的规定。检验方法:观察检查和检查型式检验报告、出厂检验报告、出厂合格证。检查数量:按同一工程、同一材料、同一生产厂家、同一型号、同一规格、同一批号检查一次。

2)自流平面层的涂料进入施工现场时,应有以下有害物质限量合格的检测报告。

①水性涂料中挥发性有机化合物(VOC)和游离甲醛。

②溶剂型涂料中的苯、甲苯+二甲苯、挥发性有机化合物(VOC)和游离甲苯二异氰醛脂(TDI)。

检验方法:观察检测报告。

检查数量:按同一工程、同一材料、同一生产厂家、同一型号、同一规格、同一批号检查一次。

3)自流平面层基层的强度等级不应小于C20。检验方法:检查强度等级检测报告。检查数量:按《建筑地面工程施工质量验收规范》(GB 50209—2010)第3.0.21条检查。

4)自流平面层的各构造层之间应粘贴牢固,层与层之间不应出现分离、空鼓现象。检验方法:用小锤子轻击检查。检查数量:按《建筑地面工程施工质量验收规范》(GB 50209—2010)第3.0.21条检查。

5)自流平面层的表面不应有开裂、漏涂和倒泛水等现象。检验方法:观察和泼水检查。检查数量:按《建筑地面工程施工质量验收规范》(GB 50209—2010)第3.0.21条检查。

(2)一般项目。

1)自流平面层应分层施工,面层找平施工时不应留有抹痕。检验方法:观察检查和检查施工日记。

2)自流平面层表面应光洁,色泽均匀一致,不应有起泡、泛砂现象。检验方法:观察检查。

3)自流平面层的允许偏差和检验方法见表1.17.5-1。

表1.17.5-1 自流平面层的允许偏差和检验方法

序号	项目	允许偏差/mm	检验方法
1	表面平整度	2	用2m靠尺和楔形塞尺检查
2	踢脚线上口平直	3	拉5m线和用钢尺检查
3	缝格平直	2	

检查数量:按《建筑地面工程施工质量验收规范》(GB 50209—2010)第3.0.21条检查。

1.17.6 成品保护

(1)自流平面层施工时,不得污染其他已完成的成品和设备。面层要随时保持清洁,涂刷时不得溅上水点、油污。

(2)自流平面层施工完的地面只需进行自然养护。温度为20℃时,6~8h可行走;温度低于5℃时,则须1~2d。固化后,对其表面采用蜡封或刷表面处理剂进行养护,2周后即可使用。

1.17.7 安全与环保措施

(1)参加操作人员必须经防火、防燃安全教育后方可参加操作。

(2)施工房间应空气流通,打开门窗,通风换气。

(3)施工房间内必须设有足够的消防用具,如灭火器等。

(4)绝对禁止在施工现场内吸烟,以防引起火灾。

(5)施工噪声应符合有关规定,并对噪声进行测量,注明测量时间、地点、方法,做好噪声测量记录,以验证噪声排放是否符合要求,超标时应及时采取措施。

1.17.8 施工注意事项

(1)自流平面层具体施工应参照设计要求及产品的使用说明书。

(2)普通自流平材料不能直接用于表面耐磨层。

(3)低于5℃时切勿进行自流平施工,施工最佳温度为15~30℃,结硬前应避免风吹日晒。

(4)施工时若有凸起或溅落,初凝后可用镘刀撇去。

(5)自流平上需进行其他作业,应在其结硬能行走时进行,如果使用前浆料已结硬,应弃之,不可加水搅拌再用。

(6)如有楼板加热装置,应关闭,待地面冷却后才能进行自流平的施工。

(7)配料用量应与施工用量相匹配,避免浪费。一次配料要一次用完,不可中间加水稀释,以免影响质量。根据施工经验,一次配制 5kg 左右为宜。

(8)在规定的时间内自流平地面不许行人。

(9)涂料使用过程中不得交叉污染,未混合材料应密封储存。

1.17.9 质量记录

(1)原材料的出厂检验报告和质量合格保证文件、材料进场检(试)验报告(含抽样报告)。

(2)对面层铺设采用的胶粘剂、涂料等,应提供 TVOC 和游离甲醛限量、苯限量、放射性指标限量、氡浓度等的材料证明资料。

(3)分项工程的质量检验记录。

(4)施工日记。

1.18 地面辐射供暖工程施工工艺标准

本工艺标准适用于新建及改、扩建民用建筑,如住宅、托幼建筑、宾馆、办公楼、体育馆、医院、游泳馆等建筑装饰装修施工。工程施工应以设计图纸和施工质量验收规范为依据。

1.18.1 材料准备

材料包括管材、管件、集分水器等。

1.18.2 主要机具设备

主要机具设备包括热风机、人工焊枪、电动搅拌机、刮板、抹子、油漆刷、喷涂机、辊子、刷子、剪刀、靠尺等。

1.18.3 作业条件

(1)完成墙面抹灰,地面清理干净;卫生间防水施工完毕并且经甲方、监理验收。

(2)相关电气、水管预埋等工作已完成。

(3)设计图纸及其他技术文件齐全,有经批准的施工组织设计或施工方案,施工人员已经过培训。

1.18.4 施工操作工艺

施工流程:施工准备→分、集水器安装→铺设保温层和地暖反射膜→铺设埋地管材→设置过门伸缩缝→中间验收(一次水压试验)→回填细石混凝土层→完工验收(二次水压试验)。

(1)施工准备。

1)由建设、监理单位验收地面基层处理合格。

2)铺设绝热层时要求地面平整,无任何凹凸不平及砂石碎块等;绝热层应铺设平整、搭接严密(保温层用胶带贴牢接缝)。

3)地暖加热管的敷设加热管安装前,应对材料外观和接头的配合公差进行仔细检查,清除管道和管件内外的污垢杂物。

(2)分、集水器水平安装时,将分水器安装在上,集水器安装在下,中心距为200mm,集水器中心距地面不小于300mm。分、集水器垂直安装时,分(集)水器下端距地面不小于150mm。加热管与热媒装置牢固连接后,或在填充层养护期满后,应对加热管每一通路逐一进行冲洗,至出水清洁为止。

(3)铺设保温层和地暖反射膜。

1)用乳胶将10mm边角保温板沿墙粘贴,要求粘贴平整、搭接严密。

2)在找平层上铺设保温层(如2cm厚聚苯保温板、保温卷材或进口保温膜等),板缝处用胶粘贴牢固,在地暖保温层上铺设铝箔纸或粘一层带坐标分格线的复合镀铝聚脂膜,保温层要铺设平整。

3)在铝箔纸上铺设一层直径2mm、100mm×100mm钢丝网,规格为2m×1m。铺设要严整严密,钢网间用扎带捆扎,不平或翘曲的部位用钢钉固定在楼板上。设置防水层的房间如卫生间、厨房等固定钢丝网时,不允许打钉,管材或钢网翘曲时应采取措施,防止管材露出砼表面。

(4)铺设埋地管材。

1)按地暖设计要求间距用塑料管卡将加热管(PEX-A管)固定在苯板上,固定点的间距不大于500mm,弯头处间距不大于300mm,直线段间距不大于600mm,大于90°的弯曲管段的两端和中点均应固定。管子弯曲半径不宜小于管外径的8倍。安装过程中要防止管道被污染,每回路加热管铺设完毕后,要及时封堵管口。

2)检查地暖铺设的加热管有无损伤、管间距是否符合设计要求后,从注水排气阀注入清水,进行水压试验。试验压力为工作压力的1.5~2倍,但不小于0.6MPa,稳压1h内压力降不大于0.05MPa且不渗不漏为合格。

(5)设置过门伸缩缝。地暖辐射供暖地板边长超过8m或面积超过40m^{2}时,要设置伸缩缝,缝的尺寸为5~8mm,高度同细石混凝土垫层。塑料管穿越伸缩缝时,应设置长度不小于400mm的柔性套管。在分水器及加热管道密集处,管外用不短于1000mm的波纹管保护,以降低混凝土热膨胀。在缝中填充弹性膨胀膏(或进口弹性密封胶)

(6)中间验收(一次水压试验)。地辐射供暖系统应根据工程施工特点进行中间验收。中间验收过程从加热管道敷设和热媒分、集水器装置安装完毕进行试压起,至混凝土填充层养护期满再次进行试压止,由施工单位会同监理单位进行。

(7)回填细石混凝土层。加热管验收合格后,回填细石混凝土,加热管保持不小于0.4MPa的压力。垫层应用人工抹压密实,不得用机械振捣,不许踩压已铺设好的管道,细石混凝土接近初凝时,应在表面进行二次拍实、压抹,以防止顺管轴线出现塑性沉缩裂缝。表面压抹后应保湿养护14d以上,垫层达到养护期后,管道系统方允许泄压。

(8)完工验收(二次水压试验)。浇捣混凝土填充层之前和混凝土填充层养护期满之后，应分别进行系统水压试验。水压试验应符合下列要求。

1)水压试验之前,应对试压管道和构件采取安全有效的固定和养护措施。

2)试验压力应不小于系统静压加 0.3MPa,但不得低于 0.6MPa。

3)冬季进行水压试验时,应采取可靠的防冻措施。

1.18.5 质量标准

(1)主控项目。

1)地面辐射供暖的整体面层采用的材料或产品除应符合设计要求外,应具有耐热性、热稳定性、防水、防潮、防霉变等特点。检验方法:观察检查和检查质量合格证明文件。

2)地面辐射供暖的整体面层的分格缝应符合设计要求,面层与柱、墙之间应留不小于 10mm 的空隙。检验方法:观察和用钢尺检查。

3)面层的强度等级应符合设计要求,且强度等级不应小于 C20。检验方法:检查配合比试验报告和强度等级检测报告。

4)面层与下一层应结合牢固,且应无空鼓和开裂。当出现空鼓时,空鼓面积不应大于 $400cm^2$,且每自然间或标准间不应多于 2 处。检验方法:观察和用小锤轻击检查。

(2)一般项目。

1)面层表面应洁净,不应有裂纹、脱皮、麻面、起砂等缺陷。检验方法:观察检查。

2)面层表面的坡度应符合设计要求,不应有倒泛水和积水现象。检验方法:观察和采用泼水或坡度尺检查。

3)水泥砂浆面层的允许偏差和检验方法见表 1.4.5-1。检查数量:按《建筑地面工程施工质量验收规范》(GB 50209—2010)第 3.0.21 条检查。

1.18.6 成品保护

(1)面层施工时应防止碰撞损坏门框、管线、预埋铁件、墙角及已完的墙面抹灰等。

(2)施工时注意保护好管线、设备等的位置,防止变形、位移。

(3)操作时注意保护好地漏、出水口等部位,做临时堵口或覆盖,以免灌入砂浆等造成堵塞。

(4)事先埋设好预埋件,已完地面不准再剔凿孔洞。

(5)面层养护时间不应少于 7d,在此期间不允许车辆行走或堆压重物。抗压强度应达到 5MPa 后,方准上人行走。

(6)不得在已做好的面层上拌和砂浆、调配涂料等。

(7)在混凝土养护过程中,不得在地面上运载重物或放置高温物体。已完成的地暖地面严禁大力敲打、冲击,不得在地面上开孔、剔凿或楔入任何物体。

1.18.7 安全与环保措施

(1)施工机具必须符合《建筑机械使用安全技术规程》(JGJ 33—2012)及《施工现场临时

用电安全技术规范》(JGJ 46—2005)的有关规定，施工中应定期对其进行检查、维修，保证机械使用安全。

(2)施工现场剩余的管道、处理剂、纤维布等应及时清理，以防其污染环境。

(3)防水涂料、处理剂不用时，应及时封盖，不得长期暴露。

(4)电动机具的操作人员应穿胶鞋、戴胶皮手套。

(5)施工机具的运行噪声应控制在当地有关部门的规定范围内。

1.18.8 施工注意事项

(1)施工前应检查各种管道穿内墙、外墙及楼板孔洞的标高和几何尺寸，以及精装修工程的吊顶标高、楼地面、墙面做法及其厚度是否与本系统安装设计有冲突。

(2)地暖施工采取样板引路制度，在进行大面积施工前，先做样板间，经建设单位、监理单位联合验收后，再进行大面积施工。

(3)使用的各种材料，应依据供方提供质量保证的具体情况，履行入库检查制度。加强对进入施工现场的施工人员的进场教育、培训和考核，经考核不合格的施工人员禁止进入施工现场。

(4)进场材料必须有出厂合格证、检验报告；节能材料还应具有节能认证和节能备案资料。主要材料在入库前检查应注意以下几点：所进材料与图纸设计要求是否相符；保温层厚度是否符合设计及规范要求；分水器外观是否有质量缺陷。

(5)工程关键部位质量控制点：室内地面基层符合地暖施工要求，管道间距严格按图施工，水压试验严格按规范及设计要求进行试压。

(6)在打垫层以及以后的装修过程中，继续保持整个系统的压力，直到将地面装饰层做好，并检查压力仍然保持在 0.4MPa 以上，再办交接手续，待双方确认无质量问题后，方可撤压。在此期间，地暖的成品出现任何问题，都能及时发现并得到处理。

(7)在回填混凝土施工时，专人在现场进行监督指导。在装修过程中，不定期检查压力及其他情况。若发现问题，应及时解决。

(8)施工现场要求所有人员穿着软底鞋，不得穿着皮鞋或铁掌鞋踩踏塑料管。除施工工具外，不得有其他铁器入场。

1.18.9 质量记录

(1)施工图、竣工图和设计变更文件。

(2)主要材料、零部件与构件的检验合格证和出厂合格证。

(3)中间验收记录。

(4)试压和冲洗记录。

(5)工程质量检验评定记录。

主要参考标准名录

[1]《建筑工程施工质量验收统一标准》(GB 50300—2013)

[2]《建筑装饰装修工程质量验收标准》(GB 50210—2018)

[3]《建筑地面工程施工质量验收规范》(GB 50209—2010)

[4]《混凝土结构工程施工质量验收规范》(GB 50204—2015)

[5]《建筑施工场界环境噪声排放标准》(GB 12523—2011)

[6]《屋面工程质量验收规范》(GB 50207—2012)

[7]《混凝土外加剂》(GB 8076—2008)

[8]《民用建筑工程室内环境污染控制标准》(GB 50325—2020)

[9]《建筑材料放射性核素限量》(GB 6566—2010)

[10]《建筑防腐蚀工程施工规范》(GB 50212—2014)

[11]《天然大理石建筑板材》(GB/T 19766—2016)

[12]《天然花岗石建筑板材》(GB/T 18601—2009)

[13]《建筑机械使用安全技术规程》(JGJ 33—2012)

[14]《施工现场临时用电安全技术规范》(JGJ 46—2005)

[15]《普通混凝土用砂、石质量标准及检验方法》(JGJ 52—2006)

[16]《建筑分项施工工艺标准手册》,江正荣主编,中国建筑工业出版社,2009

[17]《建筑安装分项工程施工工艺规程》,北京市建筑装饰协会等主编,中国市场出版社,2003

[18]《建筑施工手册》(第五版),中国建筑工业出版社,2013

[19]《建筑地面工程施工工艺标准》,中国建筑工程总公司编,中国建筑工业出版社,2003

2 抹灰工程施工工艺标准

2.1 一般抹灰工程施工工艺标准

一般抹灰工程，泛指适用于预拌砂浆、石灰砂浆、水泥混合砂浆、水泥砂浆、聚合物水泥砂浆、石膏抹灰砂浆、石膏灰等抹灰材料的施工。内、外墙的抹灰，包括内墙、外墙、踢脚板、墙裙、屋檐、女儿墙、窗楣、窗台、腰线、勒脚的抹灰。楼地面抹灰，包括楼面、地坪、阳台、雨棚、楼梯等的抹灰。本工艺标准适用于建筑装饰装修工程一般抹灰施工。工程施工应以设计图纸和有关施工质量验收规范为依据。

2.1.1 材料要求

一般抹灰工程用砂浆宜选用预拌抹灰砂浆。抹灰砂浆应采用机械搅拌。

(1)水泥。宜采用普通水泥或硅酸盐水泥，也可采用矿渣水泥、火山灰水泥、粉煤灰水泥及复合水泥。水泥宜采用32.5级以上颜色一致、同一批号、同一品种、同一强度等级、同一厂家生产的产品。水泥进厂需对产品名称、代号、净含量、强度等级、生产许可证编号、生产地址、出厂编号、执行标准、日期等进行外观检查，同时验收合格证。

(2)砂。宜采用平均粒径为0.35～0.5mm的中砂，在使用前应根据使用要求过筛，筛好后保持洁净。

(3)石灰膏。石灰膏与水调和后具有凝固时间快，并在空气中硬化，硬化时体积不收缩的特性。用块状生石灰淋制时，用孔径不大于3mm×3mm的筛网过滤，贮存在沉淀池中，使其充分熟化。熟化时间常温下一般不少于15d，用于罩面灰时不少于30d，使用时石灰膏内不得含有未熟化的颗粒和其他杂质。在沉淀池中的石灰膏要加以保护，防止其干燥、冻结和污染。

(4)聚合物砂浆宜采用预拌砂浆。界面用砂浆应根据基层要求采用专用界面砂浆。

(5)抹灰砂浆在施工中必须具有良好的和易性，即砂浆的稠度。抹灰砂浆的稠度和骨料最大粒径，主要根据抹灰种类和气候条件等实际情况确定。聚合物水泥抹灰砂浆的施工稠度宜为50～60mm，石膏抹灰砂浆的施工稠度宜为50～70mm。具体可参考表2.1.1-1。

表 2.1.1-1 抹灰砂浆的稠度和骨料粒径

抹灰层	稠度/mm	砂的最大粒径/mm
底层	90～110	2.8

续表

抹灰层	稠度/mm	砂的最大粒径/mm
中层	70～90	2.6
面层	70～80	1.2

(6)一般抹灰砂浆的配合比应符合设计规定。

2.1.2 主要机具设备

(1)机械设备。包括砂浆搅拌机等。

(2)主要工具。包括木抹子、铁抹子、钢皮抹子、塑料抹子、阴角抹子、阳角抹子、园阳角抹子、捋角器、木杠、托灰板、挂线板、靠尺、卷尺、方尺、水平尺、粉线包、筛子、刷子、喷壶、水壶和灰桶等工具。

2.1.3 作业条件

(1)主体结构须经过有关部门(质量监理、设计院、建设单位等)进行工程检查合格验收后,方可进行抹灰工程。

(2)检查门窗框及需要埋设的配电管、接线盒、管道套管是否已固定牢固。连接缝隙应用M20水泥砂浆分层嵌塞密实,并事先将门窗框包好或粘贴起保护作用的塑料薄膜。

(3)将混凝土构件、门窗过梁、梁垫、圈梁、组合柱等表面凸出部分凿平。对有蜂窝、麻面、露筋、疏松部分的混凝土表面凿到实处,并刷掺有胶结剂素水泥浆一道,然后用M20水泥砂浆分层补平压实,把外露的钢筋头和铁线剔除清掉;脚手眼、窗台砖、内隔墙与楼板、梁底等处应堵严实和补砌整齐。

(4)窗帘钩、通风篦子、吊柜、吊扇等预埋件或螺栓的位置和标高应准确设置,且要做好防腐工作。

(5)混凝土及砖结构表面的灰尘、污垢和油渍等应清除干净,混凝土结构表面、砖墙表面应在抹灰前两天浇水湿透(每天两遍以上)。

(6)应先搭好抹灰用脚手架子(也可用木板、木方钉做的高马凳子),架子或高马凳子要离开墙面及墙角200～250mm,以便于操作。

(7)屋面防水工程未完工前进行室内抹灰时,必须采取防雨水措施。

(8)室内抹灰的环境温度,一般应不低于5℃,不得在冻结的墙面、顶棚上抹灰。

(9)抹灰前熟悉图纸,制订抹灰方案,做好抹灰的样板间,经检查鉴定达到标准后,再进行正式抹灰施工。

2.1.4 施工操作工艺

(1)室内抹灰。

工艺流程:基层处理、湿润→找规矩、做灰饼、冲筋→做护角→抹底层灰→抹中层灰→抹窗台、墙裙或踢脚板→抹面层灰→清理、养护。

1)基层清理、湿润。

①检查门窗框与墙体连接处填嵌处理是否符合要求。混凝土结构和砌体结合处以及电线管、消火栓箱、配电箱背后钉好钢板网,接线盒固定堵严,并检查接线盒位置的高低。

②清扫基层上的浮灰污物和油渍等。

③对表面光滑的基体应进行毛化处理,混凝土表面应凿毛或在表面洒水润湿后涂刷界面剂(可采用 1∶1 水泥浆加适量胶粘剂)。

④砖砌体墙面应充分湿润,使渗水深度达到 8～10mm,抹灰时墙面不显浮水。

2)找规矩、做灰饼、冲筋(见图 2.1.4-1 和图 2.1.4-2)。

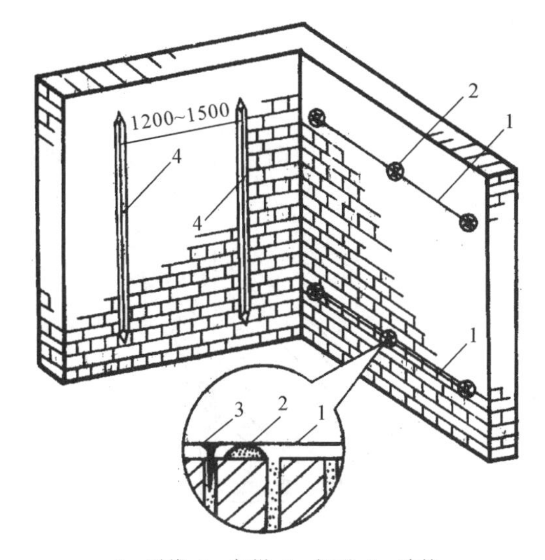

1—引线;2—灰饼;3—钉子;4—冲筋

图 2.1.4-1 灰饼、竖向冲筋(单位:mm)

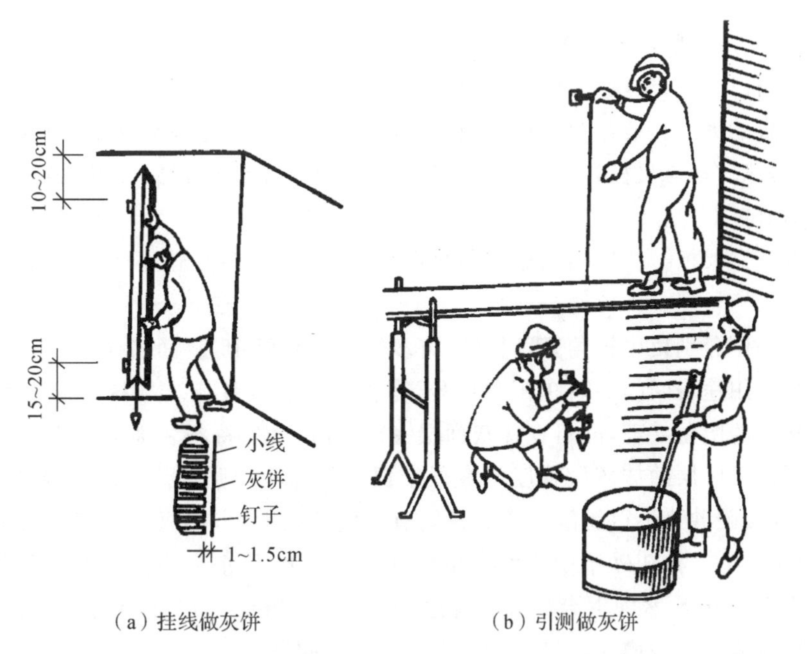

(a) 挂线做灰饼　　(b) 引测做灰饼

图 2.1.4-2 做灰饼方法

①普通抹灰。用托线板检查基体平整、垂直度,根据检查结果决定抹灰厚度(最薄处一般不小于7mm)。在墙的上角各做一个标准灰饼(用打底砂浆或1∶3水泥砂浆),有门窗洞口垛角处要补做灰饼,大小50mm见方,厚度由墙面平整垂直度决定。根据上面的两个灰饼用托线板或线坠挂垂线,做墙面下角两个标准灰饼(高低位置一般在踢脚线上口),厚度以垂线为准。用钉子钉在灰饼左右墙缝,然后挂通线,并根据通线位置每隔1.2~1.5m上下加做若干个标准灰饼。灰饼稍干后,在上下(或左右)灰饼之间抹上宽约50mm的与抹灰层相同的砂浆冲筋,用刮杠刮平,厚度与灰饼相平,稍干后可进行底层抹灰。

②高级抹灰。将房间一面墙做基线,用方尺规方即可。如房间面积较大,应在地上弹出十字线,作为墙角抹灰准线,在离墙角约100mm左右,用线坠吊直,在墙上弹一立线,再按房间规方地线(十字线)及墙面平整程度向里反线,弹出墙角抹灰准线,并在准线上下两端排好通线后做标准灰饼并冲筋。

3)做护角(见图2.1.4-3)。室内墙面、柱面的阳角和门洞口的阳角,如设计无规定,一般应用1∶2水泥砂浆护角,护角高度不应低于2m,每侧宽度不小于50mm。

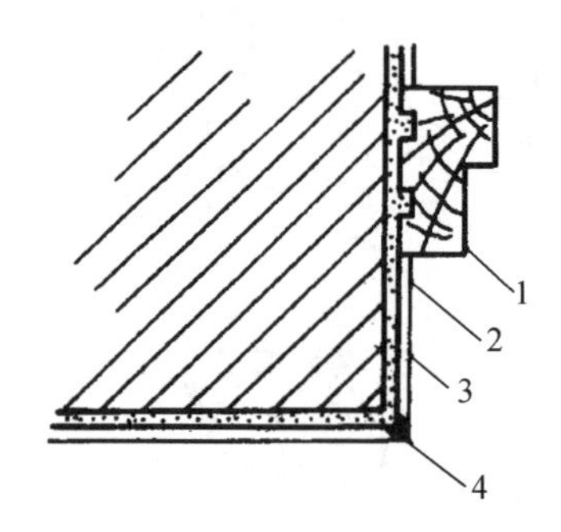

1—窗口;2—面层;3—墙面底、中层灰;4—水泥护角

图2.1.4-3 护角

①将阳角用方尺规方,靠门窗框一边以框墙空隙为准,另一边以冲筋厚度为准,在地面上画好基准线,根据抹灰层厚度粘稳靠尺板并用托线板吊垂直。

②在靠尺板的另一边墙角分层抹护角的水泥砂浆,其外角与靠尺板外口平齐。

③一侧抹好后,把靠尺板移到该侧,用卡子稳住,并吊垂线调直靠尺板,将护角另一面水泥砂浆分层抹好。

④轻手取下靠尺板。待护角的棱角稍收水后,用钢皮抹子抹光、压实或用阳角抹子将护角捋顺直。

⑤在阳角两侧分别留出护角宽度尺寸,将多余的砂浆以45°斜面切掉。

⑥对于特殊用途房间的墙(柱)阳角部位,其护角可按设计要求在抹灰层中埋设金属护角线。高级抹灰的阳角处理,亦可在抹灰面层镶贴硬质PVC特制装饰护角条。

4)抹底层灰。底层的抹灰层强度不宜低于面层的抹灰层强度。水泥砂浆拌好后,应在初凝前用完,凡结硬砂浆不得继续使用。冲筋有一定的强度后,在两次冲筋之间用力抹上底灰,用抹子压实搓毛。抹灰砂浆中使用掺和料应充分水化,防止影响粘结力。水泥砂浆抹灰每遍厚度宜为5~7mm,水泥混合砂浆每遍厚度宜为7~9mm。严格控制各层抹灰厚度,防止一次抹灰过厚致使干缩增大,造成空鼓、干裂等质量问题。

①砖墙基层。墙面一般采用水泥混合砂浆抹底灰，抹完后用刮杠垂直刮找一遍，用木抹子搓毛。

②混凝土基层。宜先刷建筑胶素水泥浆一道，用水泥砂浆或水泥混合砂浆抹底层灰。分层与冲筋赶平，并用刮杠刮平整，木抹子搓毛。

③加气混凝土基层。应在湿润后刷界面剂，稍待片刻，抹水泥混合砂浆，刮杠刮平，木抹子搓毛，终凝后开始养护。

④金属网基层。宜用麻刀灰或玻璃纤维丝灰打底，并将灰浆挤入基层孔内。

⑤对于平整光滑的混凝土基层抹灰，根据设计要求进行处理。

5)抹中层灰。

①中层灰应在底层灰干至六七成后进行，抹灰厚度稍高于冲筋。

②中层灰做法基本与底层灰相同，加气混凝土中层灰宜用中砂。

③砂浆抹平后，用刮杠按冲筋刮平，并用木抹子搓压，使表面平整密实。

④在墙的阴角处用方尺上下核对方正，然后用阴角抹子上下拖动搓平，使室内四角方正。

6)抹水泥窗台板、踢脚线或墙裙。

①窗台板采用1∶3水泥砂浆抹底层，表面搓毛，隔1d后，刷素水泥浆一道，再用1∶2.5水泥砂浆抹面层。面层宜用原浆压光，上口成小圆角，下口要求平直，不得有毛刺，凝结后洒水养护不少于4d。

②踢脚线或墙裙采用1∶3水泥砂浆或水泥混合砂浆打底，1∶2水泥砂浆抹面，厚度比墙面凸出5～8mm，并根据设计要求的高度弹出上口线，用八字靠尺靠在线上，用铁抹子切齐并修整压光。

7)抹面层灰(罩面灰)。从阴角开始，宜两人同时操作，一人在前面上灰，另一人紧跟在后面找平并用铁抹子压光。罩面时应由阴、阳角处开始，先竖向(或横向)薄薄刮一遍底，再横向(或竖向)抹第二遍。阴阳角处用阴阳角抹子捋光，墙面再用铁抹子压一遍，然后顺抹纹压光，并用毛刷蘸水将门窗等圆角处清理干净。采用水泥砂浆面层时，须将底子灰表面扫毛或划出纹道。面层应注意接槎，表面压光不得少于两遍，罩面后次日洒水养护。面层灰抹完后，派专人把预留孔洞、配电箱、槽、盒周边50mm宽的砂浆刮平，并清除干净，用大毛刷蘸水沿周边刷水湿润，然后用砂浆把洞口、箱、盒、槽周边压抹平整、光滑。

8)清理、养护。抹灰工作完成后，应将粘在门窗框、墙面上的灰浆及落地灰及时清除、打扫干净。根据气温条件，对抹灰面进行养护处理，防止砂浆产生干缩裂缝。

(2)外墙抹灰。

工艺流程：墙面基层清理、浇水湿润→堵门窗口缝及脚手眼、孔洞→吊垂直、套方、找规矩、抹灰饼、充筋→抹底层灰、中层灰→弹线分格、嵌分格条→抹面层灰、起分格条→抹滴水线→养护。

1)墙面基层清理、浇水湿润。

①砖墙基层处理。将墙面上残存的砂浆、舌头灰剔除干净，污垢、灰尘等清理干净，用清水冲洗墙面，将砖缝中的浮砂、尘土冲掉，并将墙面均匀湿润。

②混凝土墙基层处理。因混凝土墙面在结构施工时大都使用脱膜隔离剂，表面比较光

滑,故应将其表面进行处理,一种方法是采用脱污剂将墙面的油污脱除干净,晾干后采用机械喷涂或笤帚涂刷一层薄的胶粘性水泥浆或涂刷一层混凝土界面剂,使其凝固在光滑的基层上,以增强抹灰层与基层的附着力,不出现空鼓开裂。另一种方法是将其表面用尖钻子均匀剔成麻面,使其表面粗糙不平,然后浇水湿润。

③加气混凝土墙基层处理。加气混凝土砌体其本身强度较低,孔隙率较大,在抹灰前应对松动及灰浆不饱满的拼缝或梁、板下的顶头缝,用砂浆填塞密实。将墙面凸出部分或舌头灰剔凿平整,并将缺棱掉角、坑凹不平之处和设备管线槽、洞等同时用砂浆整修密实、平顺。用托线板检查墙面垂直偏差及平整度,根据要求将墙面抹灰基层处理到位,然后喷水湿润。

2)堵门窗口缝及脚手眼、孔洞等。堵缝工作要作为一道工序安排专人负责,门窗框安装位置准确牢固,用1∶3水泥砂浆将缝隙塞严。堵脚手眼和废弃的孔洞时,应将洞内杂物、灰尘等物清理干净,浇水湿润,然后用砖将其补齐砌严。

3)吊垂直、套方、找规矩、做灰饼、充筋。根据建筑高度确定放线方法,若是高层建筑,可利用墙大角、门窗口两边,用经纬仪打直线找垂直。若是多层建筑,可从顶层用大线坠吊垂直,绷铁丝找规矩,横向水平线可依据楼层标高或施工+50cm线为水平基准线进行交圈控制,然后按抹灰操作层抹灰饼,做灰饼时应注意横竖交圈,以便操作。每层抹灰时,用灰饼做基准充筋,以保证横平竖直。

4)抹底层灰、中层灰。根据不同的基体,抹底层灰前可刷专用界面砂浆,然后抹M15水泥砂浆(加气混凝土墙应抹M7.5混合砂浆或石膏抹灰砂浆),每层厚度控制在5~7mm为宜。分层抹灰抹至与充筋平时,用木杠刮平找直,木抹搓毛,每层抹灰不宜跟得太紧,以防收缩影响质量。

5)弹线分格、嵌分格条。根据图纸要求弹线分格、粘分格条。分格条宜采用红松制作,粘前应用水充分浸透。粘时在条两侧用素水泥浆抹成45°八字坡形。粘分格条时注意竖条应粘在所弹立线的同一侧,防止左右乱粘,出现分格不均匀。条粘好后待底层呈七八成干后可抹面层灰。

6)抹面层灰、起分格条。待底灰呈七八成干时开始抹面层灰,将底灰墙面浇水均匀湿润,先刮界面砂浆,随即抹罩面灰与分格条平,并用木杠横竖刮平,木抹子搓毛,铁抹子溜光、压实。待其表面无明水时,用软毛刷蘸水垂直于地面向同一方向轻刷一遍,以保证面层灰颜色一致,避免出现收缩裂缝,随后将分格条起出,待灰层干后,用素水泥膏将缝勾好。难起的分格条不要硬起,防止棱角损坏,待灰层干透后补起,并补勾缝。

7)抹滴水线。在抹檐口、窗台、窗眉、阳台、雨棚、压顶和突出墙面的腰线以及装饰凸线时,应将其上面部分做成向外的有一定坡度的流水坡,严禁出现倒坡;下面做滴水线(槽)。窗台上面的抹灰层应深入窗框下坎裁口内,堵塞密实,流水坡及滴水线(槽)距外表面不小于4cm,滴水线深度和宽度一般不小于10mm,并应保证其流水坡方向正确,做法如图2.1.4-4所示。抹滴水线(槽)应先抹立面,后抹顶面,再抹底面。分格条在底面灰层抹好后即可拆除。采用"隔夜"拆条法时,需待抹灰砂浆达到适当强度后方可拆除。

8)养护。水泥基抹灰砂浆凝结硬化后,应及时进行保湿养护,养护时间不少于7d。

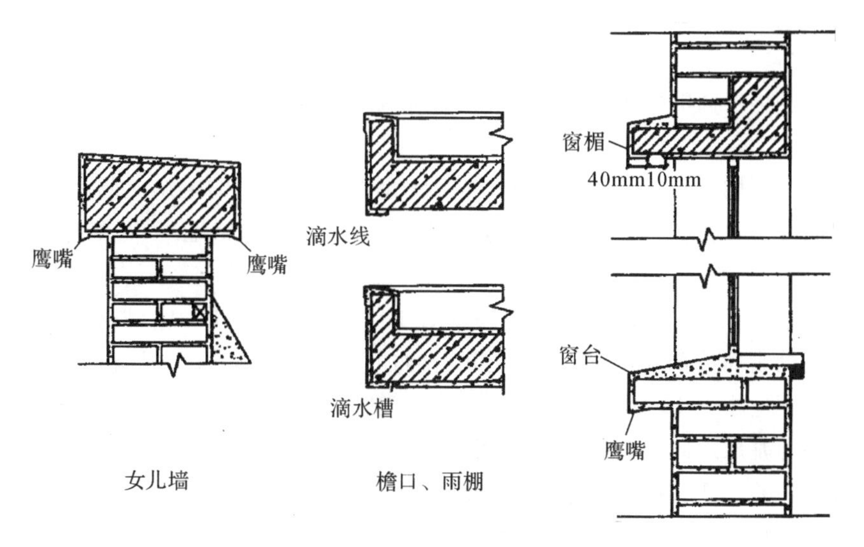

图 2.1.4-4 滴水线(槽)做法示意

2.1.5 质量标准

(1)一般规定。

1)抹灰工程应对水泥的凝结时间和安定性进行复验。

2)抹灰工程应对下列隐蔽工程项目进行验收。

①抹灰总厚度大于或等于 35mm 时的加强措施。

②不同材料基体交接处的加强措施。

3)各分项工程的检验批应按下列规定划分。

①相同材料、工艺和施工条件的室外抹灰工程每 500～1000m^2 应划分为一个检验批,不足 500m^2 也应划分为一个检验批。

②相同材料、施工工艺和施工条件的室内抹灰工程每 50 个自然间(规定大面积房间和走廊抹灰面积 30m^2 为一间)应划分为一个检验批,不足 50 间也应划分为一个检验批。

4)检查数量应符合下列规定。

①室内每个检验批应至少抽查 10%,并不得少于 3 间;不足 3 间时应全数检查。

②室外每个检验批每 100m^2 应至少抽查一处,每处不得小于 10m^2。

5)外墙抹灰工程施工前应先安装钢木门窗框、护栏等,并应将墙上的施工孔洞堵塞密实。

6)抹灰用的石灰膏的熟化期不应少于 15d;罩面用的磨细石灰粉的熟化期不应少于 3d。

7)室内墙面、柱面和门洞口的阳角做法应符合设计要求。设计无要求时,应采用 M20 水泥砂浆做暗护角,其高度不应低于 2m,每侧宽度不应小于 50mm。

8)当要求抹灰层具有防水、防潮功能时,应采用防水砂浆。

9)各种砂浆抹灰层,在凝结前应防止快干、水冲、撞击、振动和受冻,在凝结后应采取措施防止沾污和损坏。水泥砂浆抹灰层应在湿润条件下养护。

10)外墙和顶棚的抹灰层与基层之间及各抹灰层之间必须粘结牢固。

(2)主控项目。

1)抹灰前基层表面的尘土、污垢、油渍等应清除干净,并应洒水润湿。检验方法:检查施工记录。

2)一般抹灰所用材料的品种和性能应符合设计要求。水泥的凝结时间和安定性复验应合格。砂浆的配合比应符合设计要求。检验方法:检查产品合格证书、进场验收记录、复验报告和施工记录。

3)抹灰工程应分层进行。当抹灰总厚度大于或等于35mm时,应采取加强措施。不同材料基体交接处表面的抹灰,应采取防止开裂的加强措施,当采用加强网时,加强网与各基体的搭接宽度不应小于100mm。检验方法:检查隐蔽工程验收记录和施工记录。

4)抹灰层与基层之间及各抹灰层之间必须粘结牢固,抹灰层应无脱层、空鼓,面层应无爆灰和裂缝。检验方法:观察,用小锤轻击检查,检查施工记录。

(3)一般项目。

1)一般抹灰工程的表面质量应符合下列规定。

①普通抹灰表面应光滑、洁净、接槎平整,分格缝应清晰。

②高级抹灰表面应光滑、洁净、颜色均匀、无抹纹,分格缝和灰线应清晰美观。检验方法:观察,手摸检查。

2)护角、孔洞、槽、盒周围的抹灰表面应整齐、光滑;管道后面的抹灰表面应平整。检验方法:观察。

3)抹灰层的总厚度应符合设计要求;水泥砂浆不得抹在石灰砂浆层上;罩面石膏灰不得抹在水泥砂浆层上。检验方法:检查施工记录。

4)抹灰分格缝的设置应符合设计要求,宽度和深度应均匀,表面应光滑,棱角应整齐。检验方法:观察,尺量检查。

5)有排水要求的部位应做滴水线(槽)。滴水线(槽)应整齐顺直,滴水线应内高外低,滴水槽的宽度和深度均不应小于10mm。检验方法:观察,尺量检查。

6)一般抹灰工程质量的允许偏差和检验方法见表2.1.5-1。

表2.1.5-1 一般抹灰的允许偏差和检验方法

序号	项目	允许偏差/mm		检验方法
		普通抹灰	高级抹灰	
1	立面垂直度	3	2	用2m垂直检测尺检查
2	表面平整度	3	2	用2m靠尺和塞尺检查
3	阴阳角方正	3	2	用直角检测尺检查
4	分格新(缝)直线度	3	2	拉5m线,不足5m拉通线,用钢直尺检查
5	墙裙、勒脚上口直线度	3	2	拉5m线,不足5m拉通线,用钢直尺检查

2.1.6 成品保护

(1)室内抹灰如果在屋面防水完工前施工,必须采取防水、防渗措施,以不污染成品为准。室外抹灰应自上而下进行。当高层建筑必须上、下分段交叉作业时,应分段隔开,采取相应的排水措施(如设水槽等)和用塑料布等贴墙抹灰,以免污染下面作业段成品。

(2)各种抹灰在凝结前应防止快干、水冲、撞击和振动。水泥砂浆类的抹灰应在潮湿条件下养护,成活后应采取措施防止下道工序污染。

(3)为了防止抹灰层的污染和打凿损坏,抹灰应待上下水管、电缆、煤气管道等安装完毕后进行;散热器、密集管道等处的抹灰则应在散热器等安装前进行。

(4)外墙抹灰必须待安装好门窗框、阳台栏杆、预埋铁件等后再进行,以免外墙成活后被打凿损坏。

(5)必须防止颠倒工序和不合理的抢工而造成打凿、甩搓等人为破坏外观之现象。

(6)抹过灰后随即清擦粘在门窗框上的残余砂浆,并清擦干净。对铝合金门窗框一定要粘贴保护膜,并一直保持到竣工前需清擦玻璃时为止。

(7)在施工中,推小车或搬运模板、脚手钢管、跳板、木材、钢筋等材料时,一定注意不要碰坏口角和划破墙面。抹灰用的大木杠、铁锹把、跳板等不要靠墙依墙放着,以免碰破墙面或在墙面上划出道痕。严禁施工人员蹬踩门窗框、窗台,防止损坏棱角。

(8)在拆除脚手架、跳板和高马凳时,要轻拆轻放,并堆放整齐,以免撞坏门窗框,碰坏墙面和棱角等。

(9)随抹灰随注意保护好墙上预埋件、窗帘钩、通风篦子等,同时要注意墙上的电线槽盒、水暖设备预留洞及空调线的穿墙孔洞等,不要随意堵死。

(10)注意保护好楼地面、楼梯踏步和休息平台,不得直接在楼地面上和休息平台上拌和灰浆。从楼梯上下搬运东西时,不得撞击楼梯踏步。

2.1.7 安全措施

(1)在操作前,应按有关操作规程检查脚手架是否架设牢固,凡不符合安全标准之处,应及时修理,经检查合格后方能进入岗位操作。

(2)在多层脚手架上,尽量避免在同一垂直线上工作;如需立体交叉同时作业,应有防护措施。

(3)脚手板严禁搭设在门窗、暖气片、水暖器材等管道上。在高凳上搭脚手板时,高凳要放稳,高凳间的距离不大于 2m。脚手板不少于两块,不得留探头板。在移动高凳时,上面不得站人。一块脚手板上不得有两人同时作业,防止超载,发生事故。

(4)垂直运输采用井架、外用电梯等;必须安装牢固并经检验合格。使用中要经常检查护身栏杆及联络信号,必须绝对保证安全。

(5)超过 4m 高的建筑,必须搭上、下马道,严禁施工人员爬梯子或乘起重吊篮。

(6)夜间或在阴暗房间操作应有足够照明。施工现场夜间照明电线及灯具,其高度不应低于 2.5m,使用行灯电压不超过 36V。在潮湿场所,行灯电压不超过 12V。

(7)电器机具应由专人负责。电动机接地必须安全可靠,非机电人员不得动用机电设备。

(8)施工现场,在洞、坑、沟、升降井、漏斗、楼梯等未安装栏杆之前的危险处,要设置盖板、围栏、安全网等,严防坠落跌伤。

(9)淋灰池的四周应设置护身栏,夜间设置照明灯。

(10)当清除建筑物内渣土、垃圾时,应搭设垃圾道,或集中在指定地点,集中清运。不得从门、窗户往外乱扔杂物,以免伤人。从门、窗口往下吊东西时,下方必须设置围栏,且要有监护人。

(11)抹灰之前,应将操作环境周围清理干净,便于操作,保证安全;抹灰后,应及时清理落地灰,要做到活完场地清。

2.1.8 施工注意事项

(1)为了防止门窗框与墙壁交接处抹灰层空鼓、裂缝、脱落,抹灰前对基层应彻底处理并浇水湿透;检查门窗框是否固定牢固,木砖尺寸、埋置数量和位置是否符合标准;门窗框与墙的缝隙嵌塞,宜采用水泥混合砂浆分层多遍填塞,砂浆不宜太稀,并设专人嵌塞密实。

(2)墙面抹灰层空鼓、裂缝极度影响抹灰工程质量。因此,施工时应注意如下事项。

1)基层处理好,清理干净,并浇水湿透。

2)脚手架孔和其他预留洞口边及不用的洞,在抹灰前要填实抹平。

3)分层抹灰赶平,每遍厚度宜为 7～9mm。

4)石灰砂浆、混合砂浆及水泥砂浆等不能前后覆盖交叉涂抹。

5)不同基层材料交接处,宜铺钢板网。

6)配制砂浆一定要控制原材料的质量及砂浆的稠度。

(3)要防止抹灰层起泡、有抹纹、开花等现象出现,应等抹灰砂浆收水后终凝前进行压光;用纸筋罩面时,必须待底子灰有七八成干后再进行;对淋制的灰膏熟化时间应不少于30d。用磨细生石灰粉,应提前 3d 熟化成石灰膏;过干的底子灰应及时洒水湿润,并薄薄地刷一层掺胶结剂纯水泥浆后,再进行罩面抹灰。

(4)抹灰前应认真挂线找方,按其规矩和标准细致地做灰饼和冲筋,并要交圈、顺杠、有程序及有规矩,以保证抹灰面平整及阴阳角垂直、方正。

(5)为确保墙裙、踢脚板和窗台板上口出墙厚度一致,水泥砂浆不空鼓、不裂缝,抹灰时应按规矩吊垂直、拉线找直、找方;抹水泥砂浆墙裙和踢脚板处,应清除石灰砂浆抹过线的部分,基层必须浇水湿透;要分层抹实赶平,按时压光面层。

(6)暖气槽两侧、上下窗垛抹灰应通顺一致,抹灰时应按规范吊直规方,特殊部位应派技术高的人员负责操作。

(7)在顶板抹灰时,基层应处理干净,并浇水湿透,灌缝密实平整,做好砂浆配合比,以保证与楼板粘结牢固,不空鼓、不裂缝。

(8)对于管道后抹灰,必须依照规范安放过墙套管,抹灰时设专人且技术高的人员,用专用工具,认真细致地操作,以保证抹灰平整、光滑和不空鼓、不裂缝。

2.1.9 质量记录

(1)抹灰工程设计施工图、设计说明书及其他设计文件。

(2)材料的产品合格证书、性能检测报告,进场验收记录。进厂材料复验记录。

(3)工序交接检验记录。

(4)隐蔽工程验收记录。

(5)工程检验批检验记录

(6)分项工程检验记录。

(7)单位工程检验记录。

(8)质量检验评定记录。

(9)施工记录。

2.2 水刷石抹灰工程施工工艺标准

水刷石是石粒类材料粉刷的传统做法。其特点是采取分格分色、线条凹凸等适当的艺术处理,就能使粉刷面达到自然、明快、庄重的天然美观艺术效果。水刷石饰面造价一般,但耐久性强,装饰效果美观大方;不足之处是操作技术要求高,费工费料,湿作业量大,劳动条件差,成品易积尘土而被污染。

本工艺标准适用于建筑物墙面、檐口、腰线窗楣、窗套、门套、柱子、阳台、雨棚、勒脚、花台等部位的外装饰抹灰饰面工程。工程施工应以设计图纸和有关施工质量验收规范为依据。

2.2.1 材料要求

(1)采用32.5级以上普通水泥及矿渣水泥或白色水泥。同一墙面应用同一批号、同一厂家生产、同一标号、同一颜色水泥。

(2)采用中砂、粒径为0.35～0.5mm的黄砂,颗粒坚硬、洁净,黏土、泥土和粉末等的含量不得大于3%;应过5mm孔径筛,除去杂质及泥结块等。

(3)石渣应颗粒整齐、均匀、坚实,颜色一致;不得含有黏土及有机杂质;规格和级配要符合规范标准,同品种石渣要一次到货。

(4)宜采用三七块生石灰,淋制过筛,捡除僵块,筛去粉末;熟化时间在30d以上。

(5)磨细石灰粉,提前7d用水闷透使其充分熟化,不得含有未熟化颗粒。

(6)粉煤灰、胶结剂应符合规范标准。

(7)注意选择耐碱性能和耐光性能强的矿物质颜料。

2.2.2 主要机具设备

在一般抹灰工程所需机具设备基础上,还需喷雾器、排笔刷、木灰托、墨斗线等。

2.2.3 作业条件

(1)主体结构工程经检查验收,且符合规范标准。

(2)抹灰前应搭好双排外脚手架,或采用特制吊篮、桥式架子,为方便操作应离开墙面20cm左右为宜。

(3)门窗框就位准确,安装固定牢固,且用M15水泥砂浆塞严与墙的缝隙。

(4)脚手眼堵实、抹实、抹平,凸出墙面部分要剔平,浮渣灰等扫除干净,凹处应用M15水泥砂浆分层分遍补平。

(5)施工前,按设计要求,制订施工方案并进行技术交底,确定配合比和施工工艺,做好水刷石样板,且经有关人员检查确认,并派专人负责这项工作。

2.2.4 施工操作工艺

(1)基体为砖墙。

1)抹灰前要做基层处理,尘土、污垢清除干净,堵严脚手眼,浇水湿润,其操作要点同一般抹灰。

2)吊垂直、找规方、抹灰饼、设冲筋,其操作要点同干粘石抹灰工程施工工艺标准。

3)采用M15水泥砂浆或M10混合砂浆及M10粉煤灰混合砂浆打底,扫毛或划出纹道。

4)按设计图纸尺寸弹线分格,要求横条大小均匀、竖条对称一致,把用水浸透的木条用稠的素水泥浆粘牢在所弹的墨线上,保证分格条顺直;滴水槽按规范标准设置。

5)抹石渣面。待打底砂浆硬化后,先刮一道掺胶结剂素水泥浆,随即抹1∶1.5水泥石渣(小八厘)浆或1∶1.25水泥石渣浆(中八厘)或1∶0.5∶3石渣浆。抹时,每一分格内从下至上一次抹到分格条的厚度,边抹边拍打揉平,特别要注意阴阳角,避免出现黑边。

6)石渣面层开始凝固时,刷洗面层水泥浆,分两遍喷刷,第一遍用软毛刷蘸水刷去面层水泥浆,露出石渣;第二遍紧跟着用喷雾器先喷湿四周,然后由上向下顺序喷水,使石粒外露为粒径的1/2,随即用小喷壶从上往下冲水,冲洗干净,并防止操作过快和避免大风吹,以免墙面变花。

7)门窗碹脸、窗台、阳台、雨罩等部位刷石应先做小面,后做大面,以保证大面的清洁美观。

8)有滴水槽的部位,槽要顺直,深浅宽窄一致;分格条起出后要修补,使棱角整齐,光滑平直。并按设计要求刷涂料或油漆。当连续作业时,在墙面刷新活前应将头天刷石面用水淋透,便于清洗刷石面。

(2)基体为混凝土墙面。

1)处理基层。

①模板为钢模板(特别是新模板)的混凝土表面光滑,应凿毛,混凝土表面有酥皮的应剔净,并用钢丝刷刷粉尘,清水冲洗干净,随之浇水湿润。

②混凝土表面的油污染、油垢及油性隔离剂,用10%火碱刷净,并用清水冲洗晾干,然后洒水养护,待砂浆与混凝土表面有一定强度时,可进行下一道工序。

③也可用处理剂处理基层。有两种操作，一种是在清理干净的基层上，涂刷处理剂一道，处理剂未干前随即紧跟抹水泥砂浆；另一种是刷完一道处理剂后撒一层砂子（粒度为2～3mm），以增加表面粗糙度，待干硬后再抹水泥砂浆。

2）吊垂直，找规矩。对于高层建筑，可利用大角及门窗口边用经纬仪打一直线；对于多层框架结构，可从屋顶层用大线坠、崩铁丝按线吊垂直，然后分层做灰饼。横线以楼层为水平基线找规矩，以达到抹灰面横平竖直。

3）抹底层砂浆。抹前先刷一道掺胶结剂水泥浆，紧跟着分层分遍抹M10混合砂浆或M10粉煤灰混合砂浆，按灰饼和冲筋的标准，分层装档抹平，用木抹子搓平，终凝后浇水养护。

4）弹分格线、粘分格木条、设滴水槽。按设计要求弹分格线，依照分格线用水泥膏粘结木分格条，要求分格条上口平整规方，达到横平竖直交圈对口，并按规范规定的标准，在规定的部位设置滴水槽。

5）抹石渣浆面层。先刮一道内掺胶结剂水泥素浆，随即抹1∶0.5∶3（水泥∶白灰∶小八厘）石渣浆，自下往上分两次抹平，并检查平整度，无问题后立即压实压平，以提高水刷石质量。

6）精心修整、喷刷。用抹子拍平揉压石渣面层，将内部的水泥浆揉挤出来，压实后使石渣的大面朝上，然后用刷子蘸水刷去挤出的水泥浆，再用抹子溜光压实。反复3～4次，待灰浆初凝捺无痕，用刷子刷不掉石渣为适度。随即一人用刷子蘸水刷去表面灰浆，一人紧跟着用喷雾器自上往下喷水刷洗，喷头距墙面10～20cm，表面水泥浆冲洗干净露出石渣后，用水壶浇清水把墙面冲洗干净，使其颜色一致。待墙面上水分控干后，小心起出分格条，并及时用水泥膏或油漆勾缝。

7）门窗碹脸、阳台雨罩等部位。在施工时，应先做小面，后做大面；阳角部位，刷石喷水应由外往里喷刷，最后用水壶冲洗；檐口、窗台碹脸、阳台及雨罩底面要设滴水槽或滴水线，其上下宽、深度等尺寸应符合规范标准，大面积刷石一天完不了，冲刷新活前应将头天做的刷石冲湿浇透，以免洗石时将水泥浆喷溅到刷石面上，沾污后不易清刷，以保证清洁美观。

（3）冬期施工。

1）冬季打底灰可采用M10粉煤灰混合砂浆；刷石渣面层可采用1∶0.5∶3（水泥∶粉煤灰∶石碴）或用1∶2水泥石渣浆，以防受冻。

2）用热水拌和砂浆，并采取保温措施，使砂浆温度在5℃以上。

3）砂浆层硬化初期不得受冻，必须采取防冻措施。

4）经过试验确定掺防冻剂的数量，以达到防冻早强作用。

5）用冻结法砌的墙，必须待完全解冻后再抹灰，不得用热水冲刷冻结的墙和用热水清除墙面上的冰霜。

6）低于0℃的天气不得进行抹灰施工。

2.2.5 质量标准

(1)主控项目。

1)所用材料的品种、质量必须符合设计和质量标准的要求。

2)抹灰层与基体之间及各抹灰层之间必须粘结牢固,无脱皮、空鼓、裂缝等质量缺陷。

(2)一般项目。

1)石粒应刷洗清晰,并分布均匀,紧密平整、色泽一致。无掉粒及接槎痕迹。

2)分格缝的宽度和深度应均匀一致,条缝平整、光滑,棱角整齐,横平竖直,并通顺。

3)滴水线的流水坡方向要正确,且顺直,滴水线宽度、深度均不小于10mm,并整齐一致。

(3)允许偏差项目。外墙面水刷石的允许偏差和检验方法见表2.2.5-1。

表2.2.5-1 外墙面水刷石的允许偏差和检验方法

<table>
<tr><th>序号</th><th colspan="2">项目</th><th>允许偏差/mm</th><th>检验方法</th></tr>
<tr><td>1</td><td colspan="2">立面垂直</td><td>5</td><td>用2m托线板和尺量检查</td></tr>
<tr><td>2</td><td colspan="2">表面平整</td><td>3</td><td>用2m靠尺及楔尺检查</td></tr>
<tr><td>3</td><td colspan="2">阴、阳角垂直</td><td>4</td><td>用2m托线板和尺量检查</td></tr>
<tr><td>4</td><td colspan="2">阴、阳角方正</td><td>3</td><td>用20cm方尺和楔尺检查</td></tr>
<tr><td>5</td><td colspan="2">墙裙、勒脚上口平</td><td>3</td><td>拉5m线,不足5m拉通线和尺量检查</td></tr>
<tr><td>6</td><td colspan="2">分格条(缝)平直</td><td>3</td><td>拉5m线,不足5m拉通线和尺量检查</td></tr>
<tr><td rowspan="2">7</td><td>全高</td><td>单层、多层</td><td>H‰,且≤20</td><td rowspan="2">经纬仪检查</td></tr>
<tr><td>垂直</td><td>高层</td><td>H‰,且≤30</td></tr>
</table>

注:H为墙全高。

2.2.6 成品保护

(1)粘在门窗框上的砂浆应及时清理干净,铝合金门窗框应包粘好保护塑料薄膜,以防被污染、损坏。

(2)喷刷时应提前用塑料薄膜覆盖好已成活的墙面,以防污染;若遇有风天气,更要注意保护和覆盖。

(3)在出入口处水刷石交活后,应及时钉木板保护,防止碰坏棱角。

(4)拆架子应轻拆轻放,小心搬运,不要损坏水刷石墙面。

(5)刷油漆时,应注意勿将油桶碰翻造成油漆污染墙面,禁止蹬踩已成活的水刷石面层,以防碰坏和污染。

2.2.7 安全措施

(1)脚手架。

1)在操作前,应按有关操作规程检查脚手架搭设是否牢固,跳板有无腐朽和探头板;凡不符合安全要求之处,应及时修理改正,经检查鉴定合格后,方能进行抹灰操作。

2)距地面3m以上的作业面外侧,必须绑两道高分别为1.2m和0.6m牢固的防护栏,并设18cm高的挡脚板或绑扎防护网;在利用挑出脚手架时,必须设1m高防护栏杆。

3)在多层脚手架上作业时,应尽量避免在同一垂直线上工作;需立体交叉同时作业时,应有防护措施。

4)脚手板(跳板)严禁搭设在门窗上、暖气片上、水暖等管道上。

5)无论进行何种作业,一律禁止搭设飞跳板。

(2)垂直运输。

1)垂直运输工具如吊篮、外用电梯等,必须在安装后经有关部门检查鉴定合格后才能启用。垂直运输机械必须有防雷接地装置。

2)超过4m高的建筑必须搭设马道,严禁乘坐吊篮等不允许载人的垂直运输机具上下。

3)升降吊篮的卷扬机操作处必须搭安全顶棚,并有良好的视角。

(3)机电设备。

1)电器机具必须由专人负责,电动机必须有安全可靠的接地装置,电器机具必须设置安全防护装置。

2)现场临时用电线,不允许架设在钢管脚手管上。在潮湿场所(如地下室),行灯电压不得超过12V。

(4)施工现场。

1)进入现场必须戴安全帽,高空作业必须系安全带;二层以上外脚手处必须设置安全网,禁止穿硬底鞋上脚手架。

2)洞口、电梯井、楼梯间未安装栏杆处等危险口,必须设置盖板、围栏、安全网等。没有以上设施,操作人员不得进入现场。

3)夜间现场必须有足够照明灯;洗灰池、蓄水池等必须设有栏杆。

(5)冬期雨季施工。

1)有毒的外加剂、胶粘剂、工业用盐等应在包装上标明标志或专设标志标明;应由专人管理,设立收发手续,严防中毒。

2)室内作业使用的火源,应派专人管理,防止火灾及煤气中毒;在火源周围必须设置消防设施。

3)在雨后或春暖解冻时,应检查外架子,防止沉陷出现险情。

(6)其他应注意的事项。

1)在作业时,不得从高处往下乱扔东西,脚手架上不得集中堆放材料;操作用工具应搁置稳当,以防坠下伤人。

2)操作人员必须遵守操作规程,听从安全员指挥,消除隐患,防止事故发生。

2.2.8 施工注意事项

(1)灰层粘结不牢和空鼓:抹灰前将基层清理干净,并浇水湿润;抹时每层灰不要跟得太紧,底层灰应浇水养护;外墙若为混凝土预制板,其光滑表面应做处理;起分格条时须注意不要把局部面层拉起。

(2)防止将墙面弄脏和颜色不一致,墙面抹灰要抹平压实,凹坑内水泥浆应用清水冲洗干净;一次备料要足,配合比要准,级配要一致,以使颜色一致。

(3)水刷石面层厚薄应一致,如厚薄不一致,则冲刷时在面层厚薄交接处,会由于本身自重不同而将面层拉裂,形成坠裂。抹灰层要抹平压实,以防干缩裂缝或龟裂。

(4)应注意将墙面与地面及墙与腰线交接处的杂物清理干净,以防产生烂根子缺陷。

(5)阴角交接处水刷石面宜分两次成活完成水刷石面罩面操作,先做一个平面,再做另一个平面。在靠近阴角处,依据罩面水泥石子浆厚度,在底子灰上弹引垂直线,作为阴角抹直的依据,然后在已抹完的一面,靠边近阴角处弹上另一条直线,作为抹另一面的依据。

(6)水刷石留槎应设在分格条或水落管背后或独立装饰组成部分的边缘处,不得在块中甩槎,以避免刷石留槎混乱,整体效果不好。

2.2.9 质量记录

(1)设计施工图、设计说明及其他设计文件。

(2)材料的产品合格证书、性能检测报告、进场验收记录以及进厂材料复验记录。

(3)工序交接检验记录。

(4)隐蔽工程验收记录。

(5)工程检验批检验记录

(6)分项工程检验记录。

(7)单位工程检验记录。

(8)质量检验评定记录。

(9)施工记录。

2.3 斩假石抹灰工程施工工艺标准

斩假石亦称剁斧石,是在水泥砂浆基层上,涂抹一层石粒水泥浆,待硬化具有初始强度,用剁斧、齿斧及各种凿子等工具通过精工细作,剁出有规律的清晰的石纹,使其成为顺直均匀、深浅一致的人造装饰石材,类似于天然花岗岩石的表面形态。其特点是表面石纹规整,形态美,装饰效果好。

本工艺标准适用于庄重的纪念堂、城堡、影剧院、宾馆、图书馆、医院、公寓等民用建筑的墙面、墙裙、柱子、台阶、勒脚及门窗套等斩假石装饰工程。工程施工应以设计图纸和有关施工质量验收规范为依据。

2.3.1 材料要求

(1)宜采用 32.5 级普通硅酸盐水泥或矿渣水泥,要选用颜色一致、同一批水泥,有合格证和复验合格试验单,距生产日期的时间不超过 3 个月。

(2)采用中砂,粒径为 0.35～0.5mm,颗粒坚硬、洁净,含泥量小于 3%,使用前过 5mm 孔径筛子。

(3)白色石粒粒径为 2mm,石屑粒径为 0.15～1mm,颗粒坚硬,色泽一致,洁净,无杂质,使用前须过筛、洗净、晾干,防止污染。

(4)石灰膏熟化时间必须大于 30d,要求洁白细腻,不含有未熟化颗粒。

(5)磨细生石灰粉使用前用水熟化、闷透,不含有未熟化颗粒,其时间不少于 3d。

(6)胶结剂、混凝土界面处理剂应符合国家质量规范标准的要求。

(7)有颜色的墙面,按设计要求应选用耐碱、耐光的矿物颜料,并与水泥干拌均匀,过筛装袋备用。

2.3.2 主要工具设备

斩假石抹灰除了一般抹灰常用主要工具和机械设备外,还需专用工具,如斩斧(剁斧)、单刃或多刃斧、花锤(棱点锤)、扁凿、齿凿、弧口凿和尖锥等,如图 2.3.2-1 所示。

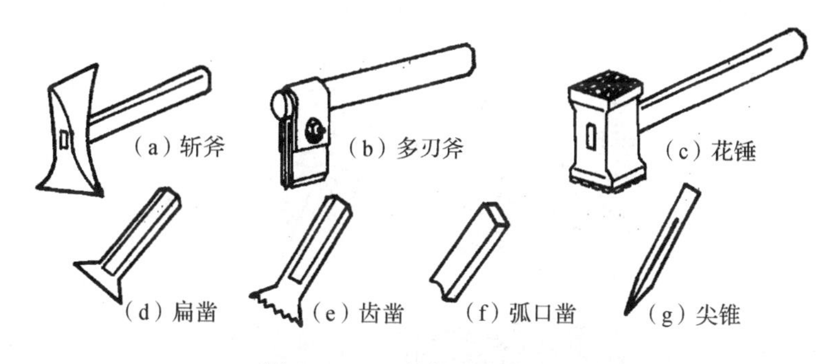

图 2.3.2-1 斩假石专用工具

2.3.3 作业条件

(1)主体结构必须经过相关单位(建筑单位、施工单位、监理单位、设计单位)检验合格,并已验收。

(2)在做台阶、门窗套时,门窗框应安装牢固,并按设计或规范要求将四周门窗口缝塞严嵌实,门窗框应做好保护措施,然后用 M15 水泥砂浆塞严抹平。

(3)抹灰工程的施工图、设计说明及其他设计文件已完成,施工作业方案也已完成。

(4)抹灰架子已搭设完成并已经验收合格。抹灰架子宜搭双排架或采用吊篮或桥式架子,架子应距墙面 20～25cm,以便于操作。

(5)墙面基层已按要求清理干净,脚手眼、临时孔洞已堵好,窗台、窗套等已补修整齐。

(6)所用石渣已过筛,除去杂质、杂物,洗净备足。

(7)抹灰前根据施工方案已完成作业指导书(即施工技术交底)工作。

(8)根据方案确定的最佳配合比及施工方案做好样板,并经相关单位检验认可。

2.3.4 施工操作工艺

工艺流程:基层处理→吊垂直线、套方、找规矩、抹灰饼、充筋→抹底层砂浆→弹线分格、粘分格条→抹面层石渣灰→浇水养护→弹线分条块→面层斩剁(剁石)。

(1)斩假石抹灰的基层处理、吊垂直线、套方、找规矩、贴饼冲筋、抹底灰和抹中层灰、弹性分格、粘分格条与一般外墙抹灰的操作方法相同。

(2)在抹面层灰前,要认真浇水湿润,中层抹灰,并满刮水灰比为0.37～0.4的素水泥浆一道,按设计弹线分格,粘分格条。抹面层一般分两次进行。先抹一层薄薄的砂浆,稍等收水后再抹一遍砂浆,与分格条平,用木杠或靠尺刮平,待收水后再用木抹子打磨压实,上下顺势溜平,并用软质笤帚顺剁纹方向清扫一遍。

(3)浇水养护。石粒浆或石屑浆面层抹完后,即用毛刷蘸水刷去表面的水泥浆,露出石粒或石屑至均匀为止。并待24h后浇水养护。

(4)面层斩剁。应先试斩,以石粒不脱落为准。斩剁前,先弹顺线,相距约为10cm,照线斩剁,以免剁纹跑斜。

1)斩剁操作应自上而下进行,先斩剁转角和四周边缘,后斩剁中间墙面。转角和四周边缘的剁纹应与其边棱呈垂直方向,中间墙面应剁成垂直纹,如图2.3.4-1所示。

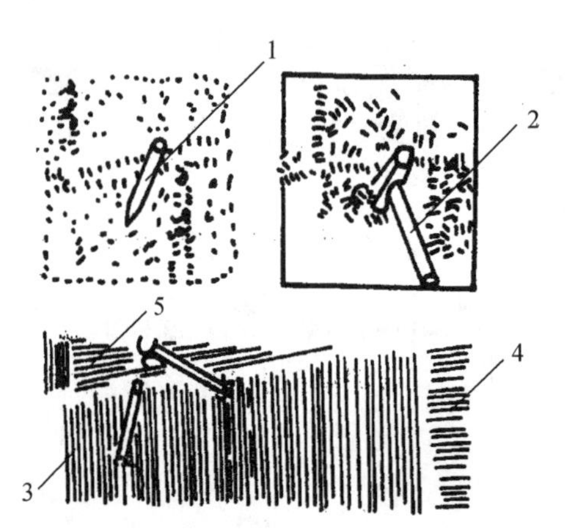

1—尖锥斩剁的花样;2—花锥斩剁的花样;3—顺纹斩剁;4—横纹斩剁;5—斜纹斩剁

图2.3.4-1 斩假石花样

2)斩剁时宜先轻剁一遍,再盖着前一遍的剁纹剁出深痕,操作时用力应均匀,移动速度应一致,不得出现漏剁。

3)在柱子、墙角边棱斩剁时,应先横剁出边缘横斩纹或留出窄小边条(边宽3～4cm)不剁。在剁边缘时应使用锐利的小剁斧轻剁,以防止掉边掉角,影响质量。

4)用细斧斩剁墙面饰花时,斧纹应随剁花走势而变化,严禁出现横平竖直的剁斧纹,花饰周围的平面上应剁成垂直纹,边缘应剁成横平竖直的围边。

5)用细斧剁一般墙面时,各格块体中间部分应剁成垂直纹,纹路相应平行,上下各行之间均匀一致。

6)在斩剁完成后面层要用硬毛刷顺剁纹刷净灰尘,分格缝应按设计要求做归正。

7)斩剁深度一般以石渣剁掉1/3比较适宜,这样可使剁出的假石成品美观大方。

2.3.5 质量标准

(1)主控项目。

1)抹灰前基层表面的尘土、污垢、油渍等应清除干净,并洒水润湿。检验要求:加强过程控制,基层表面处理完成,抹灰前应进行"工序交接"检查验收,并记录。检验方法:检查施工记录。

2)装饰抹灰工程所用材料的品种和性能应符合设计要求。水泥的凝结时间和安定性复验应合格。砂浆的配合比应符合设计要求。检验要求:建立材料进场验收制度。材料复验取样应由相关单位"见证取样"签字认可。检验方法:检查产品合格证书、进场验收记录、复验报告和施工记录。

3)抹灰工程应分层进行。当抹灰总厚度大于或等于35mm时,应采取加强措施。不同材料基体交接处表面的抹灰,应采取防止开裂的加强措施,当采用加强网时,加强网与各基体的搭接宽度不应小于100mm。检验要求:加强措施应编入施工方案,施工过程中做好隐蔽工程验收记录。检验方法:检查隐蔽工程验收记录和施工记录。

4)各抹灰层之间及抹灰层与基体之间必须粘接牢固,抹灰层应无脱层、空鼓和裂缝。检验要求:抹灰前必须由技术负责人或责任工程师向操作人员进行技术交底(作业指导书),同时加强过程质量检验制度。检验方法:观察,用小锤轻击检查,检查施工记录。

(2)一般项目。

1)斩假石表面剁纹应均匀顺直,深浅一致,应无漏剁处,阳角处应横剁并留出宽窄一致的不剁边条,棱角应无损坏。检验要求:加强过程检验,发现不合格应返工重剁,阳角放线时应拉通线。检验方法:观察,手摸检查。

2)装饰抹灰分格条(缝)的设置应符合设计要求,宽度应均匀,表面应平整光滑,棱角应整齐。检验要求:在分格条起出后,应用水泥膏将缝勾平,并保证棱角整齐,完成后应检验。检验方法:观察。

3)有排水要求的部位应做滴水线(槽)。滴水线(槽)应整齐顺直,滴水线应内高外低,滴槽的宽度和深度应均匀且不应小于10mm。检验要求:应严格按操作规范施工,严禁抹完灰后用钉子划出线(槽)。检验方法:观察,尺量检查。

4)斩假石装饰抹灰的允许偏差和检验方法见表2.3.5-1。

表2.3.5-1 斩假石装饰抹灰的允许偏差和检验方法

序号	项目	允许偏差/mm	检验方法
1	立面垂直度	3	用2m垂直检测尺检查
2	表面平整度	2	用2m靠尺和塞尺检查

续表

序号	项目	允许偏差/mm	检验方法
3	阴阳角方正	2	用直角检测尺检测
4	分隔条(缝)直线度	2	拉5m线,不足5m拉通线,用钢直尺检查
5	墙裙、勒脚上口直线度	2	拉5m线,不足5m拉通线,用钢直尺检查

2.3.6 成品保护

(1)对已完成的成品可采用封闭、隔离或看护等措施进行保护。

(2)抹灰前必须首先检查门、窗口的位置、方向安装是否正确,然后采取保护措施后方可进行施工。

(3)对施工时粘在门、窗框及其他部位或墙面上的砂浆要及时清理干净,对铝合金门窗膜有损坏的要及时补粘好,以防损伤、污染。

(4)在拆除架子、运输架杆时要制定限制措施。并做好操作人员的交底工作,以避免造成碰撞、损坏。

(5)在施工过程中搬运材料、机具以及使用小手推车时应特别小心,不得碰、撞、磕划面层、门、窗框等。严禁任何人员蹬踩门、窗框、窗台,以防损坏棱角。

(6)在抹灰时对墙上的预埋件、线槽、盒、通风篦子、预留孔洞应采取保护措施,防止堵塞。

(7)在拆除脚手架、跳板、高马凳时要加倍小心,轻拿轻放,集中堆放整齐,以免撞坏门、窗框或碰坏墙面及棱角等。

(8)在抹灰层未充分凝结硬化前,防止快干、水冲、撞击、振动和挤压,以保证灰层不受操作和有足够的强度。

(9)施工时不得在楼地面和休息平台上拌和灰浆,施工时应对休息平台、地面和楼梯踏步等采取保护措施,以免搬运材料过程中造成损坏。

2.3.7 安全与环保措施

(1)进入施工现场,必须戴安全帽,禁止穿硬底鞋和拖鞋或易滑的钉鞋。

(2)距地面3m以上作业要有防护栏杆、挡板或安全网。

(3)安全设施和劳动保护用具应定期检查,不符合要求的严禁使用。

(4)遇恶劣天气影响安全施工时,不得进行露天高空作业。

(5)禁止采用运料的吊篮、吊盘上下人。载人的外用电梯、吊笼应安装可靠的安全装置。

(6)施工现场的脚手架、防护设施、安全标志和警告牌等,不可擅自拆动,确需拆动应经施工负责人同意。

(7)施工现场的洞口、坑、沟、升降口、漏斗、架子出入口等,应设防护设施及明显标志。

(8)使用现场搅拌站时,应设置施工污水处理设施。施工污水未经处理不得随意排放,需要向施工区外排放时必须经相关部门批准方可外排。

(9)施工垃圾要集中堆放,严禁将垃圾随意堆放或抛撒。施工垃圾应由合格消纳单位组织消纳,严禁随意消纳。

(10)大风天严禁筛制砂料、石灰等材料。

(11)砂子、石灰、散装水泥要封闭或苫盖集中存放,不得露天存放。

(12)清理现场时,严禁将垃圾杂物从窗口、洞口、阳台等处抛撒运输,以防止造成粉尘污染。

(13)施工现场应设立合格的卫生环保设施,严禁随处大小便。

(14)施工现场使用或维修机械时,应有防滴漏油措施,严禁将机油滴漏于地表,造成土壤污染。清修机械时,废弃的棉丝(布)等应集中回收,严禁随意丢弃或燃烧处理。

2.3.8 施工注意事项

(1)面层砂浆采用粒径为 2mm 的白色米粒石,内掺 30%粒径为 0.15mm 的石屑,材料要统一备料,掺颜料的水泥须同一品种、批号、配比,干拌均匀,一次备足。

(2)抹完面层须养护,常温下(15～30℃)一般 2～3d,其水泥强度控制为 5MPa,气温在 5～15℃时宜养护 4～5d,可试剁,以不掉石粒、容易剁痕、声音清脆为宜,分格缝边留出 15～20mm 不剁。

(3)斩剁顺序,应先上后下,由左至右,先轻剁一遍,再盖着前一遍的剁纹剁深痕,深度以 1/3 石粒粒径为宜。

(4)斩剁时必须保持墙面湿润,如墙面过干,应予蘸水,但剁完部分不得蘸水,以免影响外观。

(5)剁斧应锋利,斩剁迅速,用力均匀,速度一致,两遍成活,不得漏剁。

(6)不同装饰面用不同的斩剁方法,边缘部分用小斧剁,花饰周围用细斧,剁纹随花纹走势变化,确保纹路平行,均匀一致。

(7)剁完墙面应用水冲刷干净,分格缝处按设计要求在凹缝内上色,同时要检查分格缝内砂浆是否饱满、严密,如有缝隙和小孔,应及时用掺胶结剂素水泥浆修补平整。

(8)雨天不宜施工,或采取相应的防雨措施,以保证斩剁的质量。

2.3.9 质量记录

与第 2.2.5 节水刷石抹灰工程质量记录相同。

附斩假石一般做法供参考,如表 2.3.9-1 所示。

表 2.3.9-1 斩假石一般做法

序号	分层做法	厚度/mm
1	第一层:M20 水泥砂浆打底	10
	第二层:刮素水泥浆一遍,表面划毛	1
	第三层:1∶1.25 水泥石渣浆(米粒石内掺 30%白云石屑)罩面	15

续表

序号	分层做法	厚度/mm
2	第一层:M20 水泥砂浆打底	10
	第二层:刮素水泥浆一遍	2～3
	第三层:1∶2.5 水泥石渣浆罩面	15
3	第一层:M20 水泥砂浆打底	10
	第二层:刮素水泥浆一遍	1
	第三层:1∶1.5 水泥石渣浆(石渣用粒径为 2mm 的米粒石,内掺 30%粒径为 0.15～1mm 的白云石屑)罩面	15
4	第一层:M20 水泥砂浆打底	10
	第二层:刮素水泥浆一遍	1
	第三层:1∶1.5 水泥石渣浆罩面	15

2.4 干粘石抹灰工程施工工艺标准

干粘石是将彩色石粒直接粘在砂浆层(粘结层)上的一种装饰抹灰做法。近些年,随着各类胶结剂在建筑粉刷抹灰中的广泛采用,在干粘石的粘结层砂浆掺入适量胶结剂,不仅减小了粘结层砂浆厚度,而且粘结质量有了明显提高。其优点为操作简单、减少湿作业、提高工效、节约材料,并具有庄重、明快、天然美观的装饰效果。

本工艺标准适用于建筑物外墙面、檐口、门窗套、柱子、阳台、雨棚、勒脚、花台等部位干粘石饰面工程。工程施工应以设计图纸和有关施工质量验收规范为依据。

2.4.1 材料要求

(1)采用强度等级不低于 32.5 级的普通硅酸盐水泥或白水泥,应采用同一厂家同一批生产的水泥。有出厂合格证、复验合格试验单。过期水泥不准用。

(2)宜采用粒径为 0.35～0.5mm 的中砂,颗粒坚硬、洁净,含泥量小于 3%,使用前需过 5mm 孔径筛子。

(3)石渣按设计要求选配规格。颗粒坚硬、颜色一致,不含黏土、软片、碱质及其他有机杂质。使用时将石子认真淘洗、择渣,晾晒后放于干净房间或袋装储存备用。

(4)石灰膏熟化时间必须大于 30d,要求洁白细腻,不含有未熟化颗粒。

(5)磨细生石灰粉用前用水熟化、闷透,不应含有未熟化的颗粒,熟化时间不少于 7d。

(6)胶结剂符合产品技术标准。

(7)应用耐碱性和耐光性较好的矿物料颜料,进场后要经过检验,其品种、货源、数量要一次进够。

2.4.2　主要机具设备

除了需同一般抹灰所需主要工具和机械设备外，尚需准备如下工具。

(1)托盘尺寸为 400mm×350mm×60mm，木制，如图 2.4.2-1 所示。

(2)木拍，如图 2.4.2-1 所示。

(3)薄尺，宽度为 80mm，沿长度方向成 45°斜边，厚 10mm 左右。

(4)空压机，压力为 0.6～0.8MPa。

(5)干粘石喷枪，如图 2.4.2-2 所示。

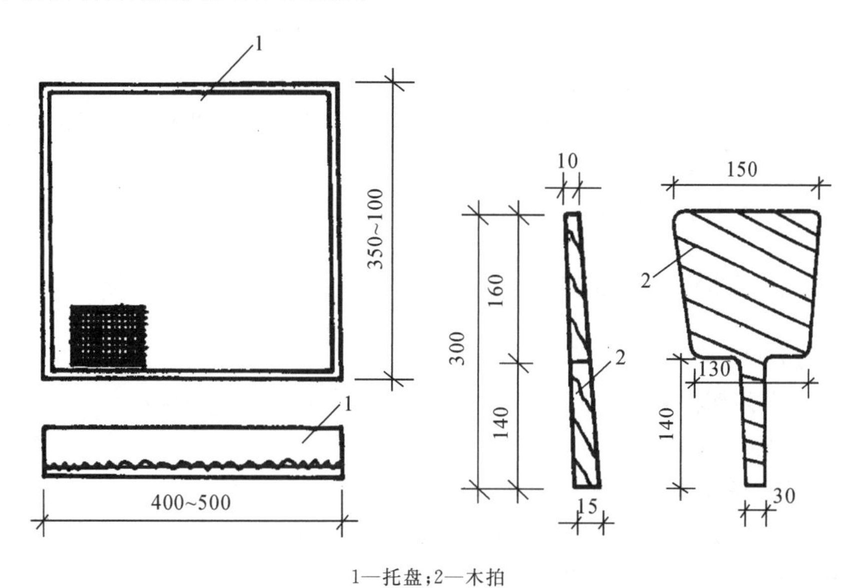

1—托盘；2—木拍

图 2.4.2-1　托盘和木拍(单位：mm)

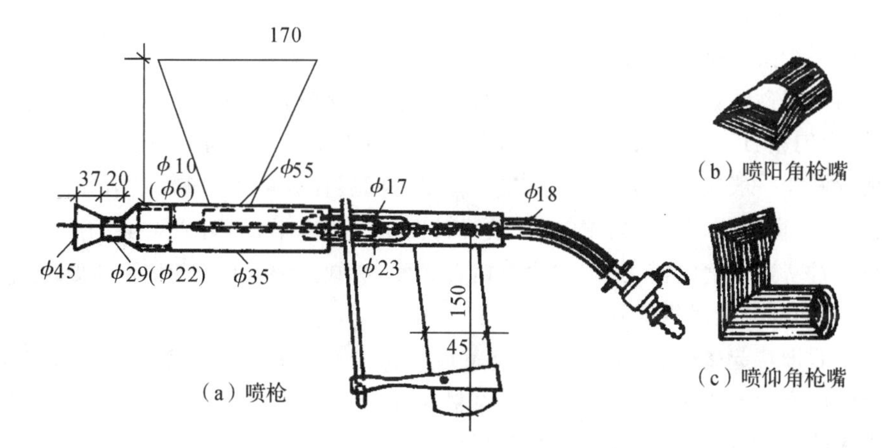

图 2.4.2-2　机喷干粘石喷枪(单位：mm)

2.4.3 作业条件

(1)按规定提前搭好外双排脚手架。

(2)门、窗框安装牢固,并用 1∶3 水泥砂浆将框边缝堵塞密实,铝合金门、窗框应提前用塑料膜粘贴保护,也应按设计要求嵌塞严实边缝。

(3)堵好脚手眼,按图纸留好设备孔洞,预埋件安装固定好。

(4)基层清理干净,并浇水湿透,特别是混凝土过梁、圈梁、柱等表面的隔离剂要清除干净;突出的混凝土剔平,凹进部分用砂浆分层分遍补平。

(5)加气混凝土板、预制混凝土外墙面,应提前做好特殊处理及试验,并符合规范要求。

(6)施工前应向施工人员进行施工工艺和质量标准技术交底。

(7)大面积施工前应先做样板,经实际检查测试,符合规范标准及设计要求,并经各有关方验收确认后,方可进行施工。

(8)施工现场环境温度应在 5℃以上。

2.4.4 施工操作工艺

工艺流程:基层处理→吊垂直、套方、找规矩→抹灰饼、充筋→抹底层灰→弹线分格、粘分格条→抹粘结层砂浆→撒石粒→拍平、修整→起条、勾缝→喷水养护

(1)基体为砖墙。

1)基层处理,墙面清扫干净,浇水湿润。

2)吊垂直线、规方找规矩、做灰饼,横竖灰饼垂直,以此为准冲筋,并弹窗口上下水平线。

3)混合砂浆打底,常温下采用 M10 水泥砂浆或粉煤灰混合砂浆;冬期采用配合比为 1∶3水泥砂浆。打底时必须用力把砂浆挤入灰缝中,分两遍与冲筋抹平,大木杠刮平,木抹子搓毛,终凝后洒水养生。

4)按照图纸要求粘贴分格条,设专人负责弹线、分格、固定工作。

5)抹粘结层砂浆,先抹 6mm 厚 M15 水泥砂浆,紧接着抹 2mm 厚 1∶0.3 聚合物水泥浆一道,随即均匀粘石,且将粘石层拍实、拍平、拍牢,待无明水后,统溜一遍。

6)粘石操作一般应自上而下进行,先抹分格中间后抹分格条两侧,先粘分格条两侧后粘大面;先抹粘门窗碹脸、阳台、雨罩等,并按设计要求设滴水槽,如图 2.4.4-1 所示。

7)在粘石灰浆未终凝前,要细致检查粘石表面,有缺陷要及时处理;阴角要顺直,阳角应无毛边,若有问题应及时修整好。

8)修整后即可起条(包括滴水槽),起条后用抹子轻轻按一下,以防拉起面层而形成空鼓。终凝以后有初始强度,用素水泥膏或涂料勾缝。

9)洒水养护:粘石表面常温下经 24h 后用喷壶洒水养护。

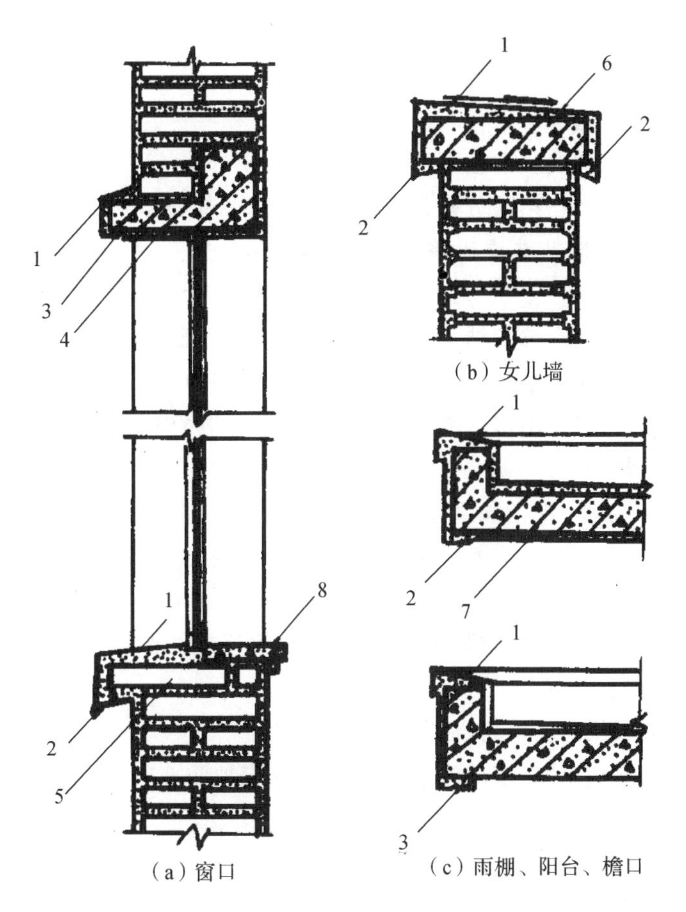

1—流水坡；2—滴水线；3—滴水槽；4—窗过梁；

5—窗台；6—压顶；7—抹灰层；8—窗台板

图 2.4.4-1 滴水槽

(2)基体为加气混凝土块、板。

1)基层处理和清扫：将墙板缝及砌块缝中凸起的砂浆剔平并扫掉表面的灰尘，浇水浸透，用 M7.5 混合砂浆勾缝及用掺胶结剂水泥浆刷一道，并对缺棱掉角的板或砌块分层补平，但每层修补厚度应控制在 7～9mm。

2)待所涂抹砂浆与加气混凝土牢牢粘结在一起时，方可吊垂直、找规矩、套规方、抹灰饼、设冲筋，抹底层、中层砂浆时，采用 M7.5 的混合砂浆，分层分遍抹，每层厚度宜控制在 7～9mm，并与冲筋抹平，用大木杠横竖刮平，木抹子搓毛，终凝后浇水养护。

3)按设计图纸规定的尺寸弹线分格和粘条，分格表面要横平竖直。

4)抹粘石砂浆和甩石渣，其操作规程、方法同砖墙面的基体。

5)粘石操作一般应先粘小面后粘大面，先粘分格条两侧后粘中间部分；大小面交角处宜采用八字靠尺粘石。门窗碹脸、阳台、雨罩按规范要求粘设滴水槽，并符合设计要求。

6)粘石灰浆未终凝前应检查成活，发现问题及时修补，阳角处如有黑边应立即进行补粘石粒处理。

7)粘石成活或修好后，应及时起出分格条、滴水槽条，起时应小心用抹子轻轻按一下，待有初始强度以后,用素水泥膏或涂料、油漆等进行勾缝。

8)用喷壶洒水养护 3～7d,每天以两次为宜。

(3)基体为混凝土外墙面。

1)基层处理和清扫、抹底灰方法同一般抹灰。

2)吊垂直、套方、找规矩、粘贴分格条同基体为砖墙面的操作方法。

3)用水湿润粘结层、抹粘结层砂浆,视采用粒径小、中、大八厘的不同,其厚度也不同(4～8mm)。

4)抹好粘结层后,随即刮掺胶结剂素水泥浆一道,然后开始甩石粒,一拍接一拍地甩,要甩严、甩匀。并及时用干净抹子轻轻地将石粒压入粘结层内,且压入深度不小于 1/2 粒径。对于大面积的粘石墙面,可采用机械喷石法施工,喷石后应及时用橡胶滚子将石粒滚压入灰层至 2/3 处,使其粘结牢固。

5)施工操作程序、修整、起条同基体为砖墙。

6)粘石的面层在 24h 后,应浇水养护 3～7d,每天两遍。

7)拆除分格条、滴水槽木条后,应及时修补,使其顺直光滑。

8)分格缝处按设计要求,将凹缝涂掺胶结剂素水泥浆或油漆等。

(4)冬期施工。

1)抹灰砂浆应采取保温措施,抹后灰层温度不低于 5℃。

2)砂浆硬化初期不得受冻,室外温度低于 5℃时,应加防冻剂。

3)以粉煤灰代替石灰膏。

2.4.5 质量标准

(1)主控项目。

1)抹灰前基层表面的尘土、污垢、油渍等应清除干净,并洒水润湿。检验要求:抹灰前应由质量部门对其基层处理质量进行检验,并填写隐蔽工程记录。达到要求后方可施工。检验方法:检查施工记录。

2)装饰抹灰工程所用材料的品种和性能应符合设计要求。水泥的凝结时间和安定性复验应合格。砂浆的配合比应符合设计要求。检验要求:送检样品取样应由相关单位见证取样,并由负责见证人员签字认可、记录。检验方法:检查产品合格证书、进场验收记录、复验报告和施工记录。

3)抹灰工程应分层进行。当抹灰总厚度大于或等于 35mm 时,应采取加强措施。不同材料基体交接处表面的抹灰,应采取防止开裂的加强措施,当采用加强网时,加强网与各基体的搭接宽度不应小于 100mm。检验要求:不同材料基体交接面抹灰,宜采用铺钉金属网加强措施,保证抹灰质量不出现开裂。检验方法:检查隐蔽工程验收记录和施工记录。

4)各抹灰层之间及抹灰层与基体之间必须粘结牢固,抹灰层应无脱层、空鼓、裂缝。检验要求:加强过程控制,严格工序检查验收,填写记录。检验方法:观察,用小锤轻击检查,检查施工记录。

(2)一般项目。

1)干粘石表面应色泽一致,不露浆、不漏粘,石粒应粘结牢固、分布均匀,阳角处无明显黑边。检验要求:施工时严格按施工工艺标准操作,并加强过程控制检查制度。检验方法:观察,手摸检查。

2)装饰抹灰分格条(缝)的设置应符合设计要求,宽度和深度应均匀,表面应平整光滑,棱角应整齐。检验要求:分格条宜用红白松木制作。应做成上窄下宽的形状,用前必须用水浸透,木条起出立即将粘在条上的水泥浆刷净浸水,以备用。检验方法:观察。

3)有排水要求部位应做滴水线(槽),滴水线(槽)应整齐顺直,滴水应内高外低,滴水线(槽)的宽度和深度应不小于10mm。检验要求:分格条宜用红白松木制作。应做成上宽7mm、下宽10mm、厚(深)度为10mm,用前必须用水浸透,木条起出后立即将粘在条上的水泥浆刷净浸水,以备用。检验方法:观察、尺量检查。

4)干粘石抹灰的允许偏差和检验方法见表2.4.5-1。

表2.4.5-1 干粘石抹灰的允许偏差和检验方法

序号	项目	允许偏差/mm	检验方法
1	立面垂直度	4	用2m垂直检测尺检查
2	表面平整度	4	用2m靠尺和塞尺检查
3	阴阳角方正	3	用直角检测尺检测
4	分隔条(缝)直线度	2	拉5m线,不足5m拉通线,用钢直尺检查
5	墙裙、勒脚上口直线度	—	拉5m线,不足5m拉通线,用钢直尺检查

2.4.6 成品保护

(1)残留在门窗框上的砂浆清理干净,门窗口处应设置保护设施,铝合金门窗应提前设保护膜,并加以保护。

(2)要轻轻拆放脚手架、高马凳及跳板,严禁碰坏粘石的墙面,粘石做好后的棱角处应采取隔离保护。

(3)严防水泥浆、石灰浆、涂料、颜料、油漆等液体污染粘石墙面,也要教育施工人员,注意不要在粘石墙面乱写、乱画、脚踩、手摸、随意生火等,以免造成墙面污染。

2.4.7 安全措施

与第2.2.7节水刷石抹灰工程安全措施相同。

2.4.8 施工注意事项

(1)为防止干粘石裂缝、空鼓必须做好基层处理(处理方法与一般装饰抹灰相同);打好底层、中层灰,根据不同的基体采取分层分遍抹灰的方法使其粘结牢固;注意洒水保湿养护;

冬期施工时,应采取防冻保温措施。

(2)抹粘结层灰时,应用木杠刮平,保证粘石面层平整,避免拍按粘石时高处劲大出浆,低处按不到,石渣浮在上边,造成颜色不均匀、不一致的花感。

(3)分格条两侧应先粘石,否则灰层干得快,粘不上石渣,造成黑边;阳角粘石时应采用八字靠尺,注意及时修整和处理黑边。

(4)注意粘石砂浆不要过稀或过厚,底层灰浆含水量不要过大,粘石表面局部不要拍按过分。否则就会引起干粘石面层滑坠。

(5)粘石时甩撒石渣要均匀,拍按力量足而匀,使石渣压入灰层,否则会造成石渣浮动,触手就掉的严重后果。另外,基层浇水不透,抹完粘结层就干,会导致粘不上石渣,影响了粘石质量。

(6)要充分考虑到脚手架高度,使得分格条内一次抹完粘石,避免不必要的接槎。

(7)及时起条,修补勾缝,使分格条凹线,滴水槽内清晰、光滑、顺直、平整。

(8)施工前,所采用的石渣必须过筛,将石粉筛除,或不合格的大块捡出去,然后用水冲洗,将浮土及杂质清除干净,确保粘石面干净、清晰、色调一致。

2.4.9 质量记录

与第 2.2.9 节水刷石抹灰工程质量记录相同。

干粘石各色调配合比见表 2.4.9-1,干粘石装饰抹灰一般做法见表 2.4.9-2。

表 2.4.9-1 干粘石各色调配合比

色彩	水泥		天然色石子	颜料		备注
	种类	用量		名称	用量	
白	白水泥	100	白石子	—	—	占水泥用量的百分比
浅灰	普通水泥	100	白石子	老粉	10	
淡黄	白水泥	100	米黄色石子(淡黄)	—		
中黄	普通水泥	100	米红石子	氧化铁黄	5	
浅桃红	白水泥	100	白+玻屑+黑	铬黄 0.5%+朱红 0.4%	0.5,0.4	
品红	白水泥	100	绿+绿玻璃屑+白石子	氧化铁红 1%	1	
淡绿	白水泥	100	绿石子+绿玻璃屑+白石子	氧化铬绿 2%	2	
灰绿	普通水泥	100	淡蓝玻璃屑+白石子	氧化铬绿 5%~10%	5~10	
淡蓝	白水泥	100	淡蓝玻璃屑+白石子	耐晒雀蓝色淀	5	
淡褐	普通水泥	100	红石子+白石+褐玻璃	—		
暗红褐	普通水泥	100	褐色玻璃屑+黑石子	氧化铁红	5	
黑	普通水泥	100	黑石子	碳黑 8%~10%	5~10	

表 2.4.9-2　干粘石分层做法

基体	分层做法
砖墙	M15 水泥砂浆抹底层； M15 水泥砂浆抹中层； 刷专用界面砂浆一遍； 抹水泥：石膏：砂子：聚乙烯醇缩甲醛胶＝100：50：200：(5～15)聚合物水泥砂浆粘结层； 4～6mm(中小八厘)彩色石粒
混凝土墙	刮专用界面砂浆； M10 水泥混合砂浆抹底层； M15 水泥砂浆抹中层； 刮专用界面砂浆一遍； 抹水泥：石灰膏：砂子：聚乙烯醇缩甲醛胶＝100：50：200：(5～15)聚合物水泥砂浆粘结层； 4～6mm(中小八厘)彩色石粒
加气混凝土	涂刷一遍 1：3～1：4(聚乙烯醇缩甲醛胶:水溶液)； M7.5 水泥混合砂浆抹底层； M7.5 水泥混合砂浆抹中层； 刮专用界面砂浆一遍； 抹水泥：水石膏：砂子：聚乙烯醇缩甲醛胶＝100：50：200：(5～15)聚合物水泥砂浆粘结层； 4～6mm(中小八厘)彩色石粒

2.5　假面砖抹灰工程施工工艺标准

假面砖抹灰是用于外墙面砖颜色基本相同的彩色砂浆，用铁梳子及铁钩子专用工具，将已抹好的外墙面层梳成相似于外墙面砖分块形状与质感的装饰抹灰(见图 2.5-1)。其特点是操作简单，速度快，易保证质量，成本低，质感性强，美观素雅。

本工艺标准适用于住宅、办公室、医院、戏剧院、商店、托儿所等民用建筑物外墙面仿面砖装饰抹灰工程。工程施工应以设计图纸和有关施工质量验收规范为依据。

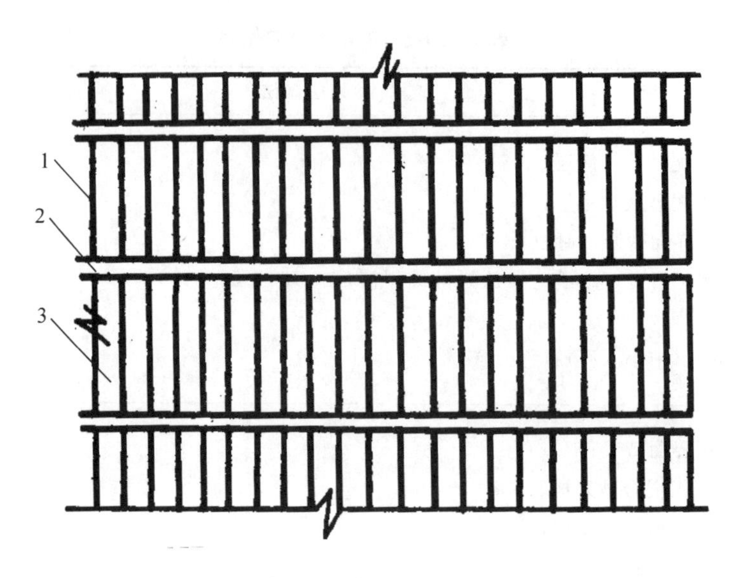

1—竖向划纹;2—横向划沟;3—仿面砖

图 2.5-1　仿面砖饰面

2.5.1　材料要求

(1)宜采用不低于 32.5 级的普通硅酸盐水泥、白水泥、彩色水泥等,须用同一厂家、同一批号、同一标号、同一品种、颜色一致的水泥。

(2)应选取矿物颜料,按设计要求和工程量,与水泥干拌均匀,一次备足,妥善保管。

(3)砂、石灰膏、生石灰粉材料要求与一般抹灰相同。

2.5.2　主要机具设备

假面砖抹灰中,底层、中层和面层抹灰所需机具除与一般抹灰相同的机具外,尚需木或铝合金靠尺、铁梳子、铁钩子等专用工具(见图 2.5.2-1)。

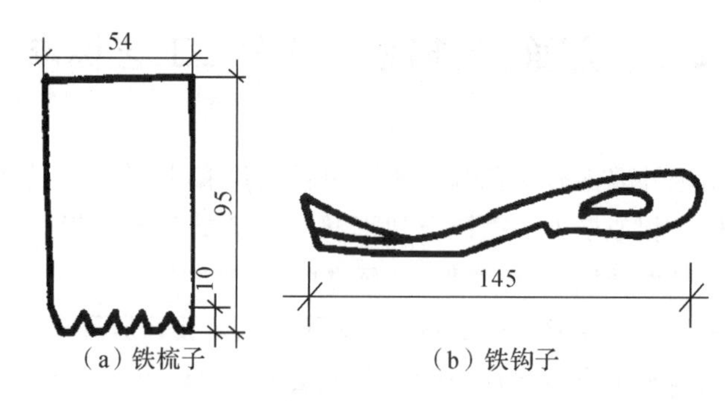

图 2.5.2-1　仿面砖专用工具(单位:mm)

2.5.3 作业条件

与第2.3.3节斩假石抹灰工程作业条件相同。

2.5.4 施工操作工艺

(1)假面砖的墙面基层处理,抹底灰、中层灰(中层抹灰一般将M15水泥砂浆抹灰作为罩面的基层)的操作程序和方法与一般抹灰相同。

(2)涂抹面层砂浆前,要浇水湿润中层,弹水平线,以每步架子为一个水平作业段,然后上、中、下弹三条水平通线,以便控制面层划沟平直度。接着在中层上抹M25水泥垫层砂浆,厚为3mm,然后再抹面层砂浆3~4mm。

(3)待面层水泥砂浆稍收水后,用靠尺板靠住铁梳子由上向下划纹(梳纹),深度不超过1mm。再根据砖的宽度用铁钩子沿靠尺板横向划沟,深度以露出垫层灰为准,划好砖的形状后,将飞边砂粒扫干净,如图2.5-1所示。

2.5.5 质量标准

(1)主控项目。

1)抹灰前基层表面的尘土、污垢、油渍等应清除干净,洒水润湿。检验要求:抹灰前应由质量部门对其基层处理质量进行检验,并填写隐蔽工程记录。达到要求后方可施工。检验方法:检查施工记录。

2)装饰抹灰工程所用材料的品种和性能应符合设计要求。水泥的凝结时间和安定性复验应合格。砂浆的配合比应符合设计要求。检验要求:送检取样应由相关单位进行见证取样,并由见证人员签字认可、记录。检验方法:检查产品合格证书、进场验收记录、复验报告和施工记录。

3)抹灰工程应分层进行。当抹灰总厚度大于或等于35mm时,应采取加强措施。不同材料基体交接处表面的抹灰,应采取防止开裂的加强措施,当采用加强网时,加强网与各基体的搭接宽度不应小于100mm。检验要求:不同材料基体交接面抹灰,宜采用铺钉金属网加强措施,保证抹灰质量不出现开裂。金属网铺钉同一般抹灰工程做法。检验方法:检查隐蔽工程验收记录和施工记录。

4)各抹灰层之间及抹灰层与基体之间必须粘结牢固,打灰层应无脱层、空鼓和裂缝。检验要求:严格过程控制,每道工序完成后应进行工序检查验收并填写记录。检验方法:观察,用小锤轻击检查,检查施工记录。

(2)一般项目。

1)假面砖表面应平整、沟纹清晰、留缝整齐、色泽一致、无掉角、脱皮、起砂等缺陷。检验要求:施工严格按施工工艺标准操作。检验方法:观察、手摸检查。

2)装饰抹灰分格条(缝)的设置应符合设计要求,宽度和深度应均匀,表面平整光滑,棱角整齐。检验要求:分格应符合设计要求。检验方法:观察。

3)有排水要求的部位应做滴水(槽)。滴水线(槽)应整齐顺直,滴水线应内高外低,滴水槽的宽度和深度均不应小于10mm。做法与水泥砂浆同。检验要求:分格条宜用红、白松木制作,应做成上窄下宽的形状,使用前应用水浸透,木条起出后应立即将粘在条上的水泥浆刷净浸水,以备用。检验方法:观察、尺量检查。

4)假面砖的允许偏差和检验方法见表2.5.5-1。

表2.5.5-1 假面砖的允许偏差和检验方法

序号	项目	允许偏差/mm	检验方法
1	立面垂直度	4	用2m垂直检测尺检查
2	表面平整度	3	用2m靠尺和塞尺检查
3	阳角方正	3	用直角检测尺检测
4	分隔条(缝)直线度	2	拉5m线,不足5m拉通线,用钢直尺检查
5	墙裙、勒脚上口直线度	—	拉5m线,不足5m拉通线,用钢直尺检查

2.5.6 成品保护

(1)拆外脚手架要轻拿轻放,不要从高空往下扔模板、跳板、钢管、扣件等建筑材料,以免碰坏墙面。

(2)严防水泥砂浆、石灰浆、涂料、颜料、油漆等液体污染已做好的仿面砖饰面。

(3)教育施工人员禁止在已做好的仿面砖饰面上乱写乱画、手摸脚蹬,随意在近旁生火做饭,以免弄脏、熏染及蹬坏墙面。

2.5.7 安全措施

与第2.2.7节水刷石抹灰工程安全措施相同。

2.5.8 施工注意事项

(1)操作时,关键是要按面砖的尺寸分格划线,然后再划沟。

(2)划沟要保证水平成线,沟的深浅、间距要一致。

(3)靠尺要垂直,以保证铁梳子竖向划纹垂直成线、深浅一致。

(4)矿物颜料制成彩色砂浆,须按设计要求的色调调配,仿照外墙面砖颜色试配数种,抹于砖面上做样板,待干后确定标准配合比。

(5)控制准上、中、下弹的三条水平通线,以确保水平接缝平直,不错槎。

2.5.9 质量记录

与第2.2.5节水刷石抹灰工程质量记录相同。

2.6 清水砌体勾缝工程施工工艺标准

本工艺标准适用于工业与民用建筑的清水砌体砂浆勾缝和原浆勾缝工程的施工。

2.6.1 材料要求

(1)宜采用32.5级普通水泥或矿渣水泥,应选择同一品种、同一强度等级、同一厂家生产的水泥。水泥进厂需对其产品名称、代号、净含量、强度等级、生产许可证编号、生产地址、出厂编号、招待标准、日期等进行外观检查,同时验收合格证。

(2)宜采用细砂,使用前应用2mm孔径筛子过筛,含泥量应符合要求。

(3)磨细生石灰粉不含杂质和颗粒,使用前7d用水将其闷透。

(4)石灰使用时不得含有未熟化的颗粒和杂质,熟化时间不少于30d。

(5)应采用矿物质颜料,使用时按设计要求和工程用量,与水泥一次性拌均匀,计量配比准确,应做好样板(块),过筛装袋,保存时避免潮湿。

2.6.2 主要机具设备

(1)砂浆搅拌机。可根据现场使用情况选择强制式水泥砂浆搅拌机或利用小型鼓筒混凝土搅拌机等。

(2)手推车。根据现场情况可采用窄式卧斗式、翻斗式或普通式手推车。手推车车轮宜采用胶胎轮,不宜采用硬质轮。

(3)操作工具。铁锹、铁板、灰槽、锤子、扁凿子(开口凿)、尖头钢钻子、瓦刀、托灰板、小铁桶、筛子、粉线袋、施工小线、长溜子、短溜子、喷壶、笤帚、毛刷等。

2.6.3 作业条件

(1)主体结构已经过相关单位(建设单位、监理单位、设计单位)检验合格,并已验收。

(2)施工用脚手架(吊篮或桥式架)已搭设完成,做好防护,已验收合格。

(3)所使用材料(如颜料等)已准备充分。

(4)门窗口位置正确,安装牢固并已采取保护。预留孔洞、预埋件等位置尺寸符合设计要求,门窗口与墙间缝隙应用砂浆堵严。

(5)施工方案审核、批准已完成,并经技术交底。

2.6.4 施工操作工艺

(1)勾缝形式。一般勾缝有4种形式,即平缝、斜缝(又称风雨缝)、凹缝、凸缝,如图2.6.4-1所示。平缝操作简单,不易剥落,墙面平整,不易纳垢,特别在空斗墙勾缝时应用最普遍。如设计无特殊要求,砖墙勾缝宜采用平缝。平缝有深浅之分,深的比墙面凹进3～5mm,采用加浆勾缝方法,多用于外墙;浅的与墙面平,采用原浆勾缝,多用于内墙。清水砖墙勾缝也有采用凹缝的,凹缝深度一般为4～5mm。石墙勾缝应采用凸缝或平缝,毛石墙勾缝尚应保持砌合的自然缝。

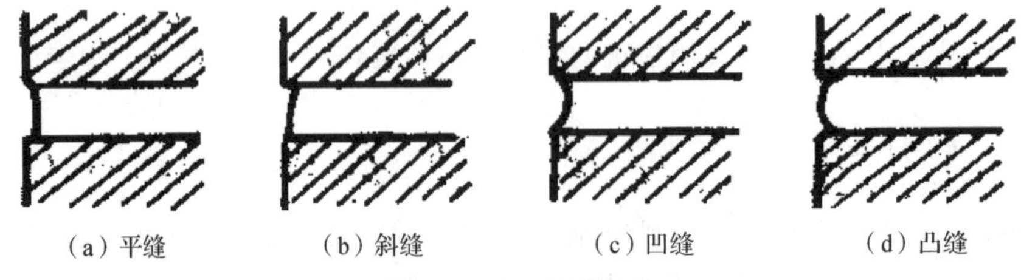

图2.6.4-1　勾缝形式

(2)工艺流程:放线、找规矩→开缝、修补→拌和砂浆→塞堵门窗口缝及脚手眼等→墙面浇水→勾缝→扫缝→找补漏缝→清理墙面。

(3)放线、找规矩。顺墙立缝自上而下吊垂直,并用粉线将垂直线弹在墙上,作为垂直的规矩。水平缝以同层砖的上下棱为基准拉线,作为水平缝控制的规矩。

(4)开缝、修补。

1)在勾缝之前,先检查墙面的灰缝宽窄、水平和垂直是否符合要求,如果有缺陷,就应进行开缝和补缝。

2)用粉线弹出立缝垂直线,把游丁偏大的开补找齐;水平缝不平和瞎缝,也要弹线开缝,缝宽达到10mm左右,宽窄一致。如果砌墙时划缝太浅,必须将缝划深,深度控制在10～12mm,并将缝内的残灰、杂质等清除干净。

3)对缺棱掉角的砖和游丁的立缝,应进行修补,修补前要浇水湿润。补缝砂浆的颜色必须与墙上砖面颜色近似。

(5)拌和砂浆。

1)勾缝用砂浆型号比必须准确。

2)加水拌合后,其稠度以勾缝溜子挑起不掉为宜。

3)根勾缝砂浆应随拌随用,下班前必须把砂浆用完,不能用过夜砂浆。

(6)塞堵门窗口缝及脚手眼等。勾缝前,将门窗台残缺的砖补砌好,然后用M15水泥砂浆将门窗框四周与墙之间的缝隙堵严塞实、抹平,应深浅一致。门窗框缝隙填塞材料应符合设计及规范要求。堵脚手眼时需先将眼内残留砂浆及灰尘等清理干净,后洒水润湿,用同墙颜色一致的原砖补砌堵严。

(7)墙面浇水。首先将污染墙面的灰浆及污物清刷干净,然后浇水冲洗湿润。

(8)勾缝砂浆配制应符合设计及相关要求,并且不宜拌制太稀。勾缝顺序应由上而下,先勾水平缝,然后勾立缝。勾平缝时应使用长溜子,操作时左手托灰板,右手执溜子,将拖灰板顶在要勾的缝的下口,用右手将灰浆推入缝内,自右向左喂灰,随勾随移动托灰板,勾完一段用溜子在缝内左右推拉移动,勾缝溜子要保持立面垂直,将缝内砂浆赶平压实、压光,深浅一致。勾立缝时用短溜子,左手将托灰板端平,右手拿小溜子将灰板上的砂浆用力压(压在砂浆前沿),然后左手将拖灰板扬起,右手将小溜子向前上方用力推起(动作要迅速),将砂浆叼起勾入主缝,这样可避免污染墙面。然后使溜子在缝中上下打动,将砂浆压实在缝中。勾缝浓度应符合设计要求，无设计要求时，一般控制在4～5mm为宜。

(9)扫缝。每一操作段勾缝完成后，用笤帚顺缝清扫，先扫平缝，后扫立缝，并不断抖弹笤帚上的砂浆，减少墙面污染。

(10)找补漏缝。扫缝完成后，要认真检查一遍有无漏勾的墙缝，尤其检查易忽略、挡视线和不易操作的地方，发现漏勾的缝及时补勾。

(11)清扫墙面。勾缝工作全部完成后，应将墙面全面清扫，对施工中污染墙面的残留灰痕应用力扫净，如难以扫掉时用毛刷蘸水轻刷，然后仔细将灰痕擦洗掉，使墙面干净整洁。

2.6.5 质量标准

(1)主控项目。

1)清水砌体勾缝所用水泥的凝结时间和安定性复验应合格。砂浆的配合比应符合设计要求。检验要求：水泥复试取样时应由相关单位进行见证取样，并签字认可。拌制砂浆配合比计量时，应使用量具，不得采用经验估量法，计量配合比工作应设专人负责。

2)清水砌体勾缝应无漏勾，勾缝材料应粘结牢固，无开裂。检验要求：施工中应加强过程控制，坚持工序检查制度，要做好施工记录。检验方法：观察。

(2)一般项目。

1)清水砌体勾缝应横平竖直，交接处应平顺，宽度和深度应均匀，表面应压实抹平。

2)检验要求：参加勾缝的操作人员必须是合格的熟练技工人员，非技工人员须经培训合格后方可进行操作。检验方法：观察，尺量检查。

3)灰缝应颜色一致，砌体表面应洁净。检验要求：勾缝使用的水泥、颜料应是同一品种、同一批量、同一颜色的产品。并一次备足，集中存放，并避免受潮。勾缝完成后要认真清扫墙面。检验方法：观察。

2.6.6 成品保护

(1)施工时严禁自上步架或窗口处向灰槽内倒灰，以免溅脏墙面，勾缝时溅落到墙面的砂浆要及时清理干净。

(2)当采用高架提升机运料时，应将周围墙面围挡，防止砂浆、灰尘污染墙面。

(3)勾缝时应将门窗框加以保护，门窗框的保护膜不得撕掉。

(4)拆架子时不得抛掷，以免碰损墙面，翻脚手板时应先将上面的灰浆和杂物清理干净。

2.6.7 安全与环保措施

(1)进入施工现场，必须戴安全帽，禁止穿硬底鞋、拖鞋及易滑的钉鞋。

(2)施工现场的脚手架、防护设施、安全标示和警告牌等，不可擅自拆动，确需拆动应经施工负责人同意由专人拆动。

(3)载人的外用电梯、吊笼，必须安装可靠的安全装置，严禁任何人利用运料吊篮、吊盘上下。

(4)高空作业所需材料要堆放平稳,操作工具应随手放入工具袋内,上下传递物件严禁抛掷。

(5)现场搅拌站应设污水沉淀池,污水经处理达标后继续利用。施工污水不得随意排放,防止造成下水系统堵塞和自然水源污染。

(6)施工垃圾消纳应与地方环保部门办理消纳手续或委托合格(地方环保部门认可的)单位组织消纳。

(7)清理施工现场时严禁从高处向下抛撒运输,以防造成粉尘污染。

(8)现场应使用合格的卫生环保设施,严禁随地大小便。

2.6.8 施工注意事项

(1)横竖缝交接处应平顺,深浅一致,无丢缝,水平缝、立缝应横平竖直。

(2)勾缝前应拉通线检查砖缝顺直情况,窄缝、瞎缝应按线进行开缝处理。

(3)每段墙缝勾好后应及时清扫墙面,以免时间过长灰浆过硬,难以清除造成污染。

(4)门窗口四周塞灰应严、表面无开裂,施工时要认真将灰缝塞满压实,最好设技术熟练人员做此项工作。

(5)横竖缝接槎要齐,操作时认真将缝槎接好,并反复勾压,勾完后认真将缝清理干净,然后认真检查,发现问题及时处理。

(6)施工时划缝是关键,要认真将缝划至深浅一致,切不可敷衍了事。

(7)勾缝前要认真检查,施工前要将窄缝、瞎缝进行开缝处理,不得遗漏。

(8)一段作业面完成后,要认真检查有无漏勾,尤其注意门窗旁侧面,发现漏勾及时补勾。

(9)参加施工人员要坚守岗位,严禁酒后操作。

(10)机械操作人员必须身体健康,培训合格,持证上岗,非专业人员禁止操作机械。

(11)凡患有高血压、心脏病、贫血病、癫痫病及不适宜高空作业的人员严禁从事高空作业。

(12)施工用外脚手架搭设必须满足设计及安全规范要求,并经验收合格方可使用。

(13)施工垃圾必须集中堆放,施工污水未经处理不得随意排放,施工机械不得有滴漏油现象。

(14)大风天不得从事筛砂、筛灰工作,现场存放的灰、砂等散装材料要进行苫盖。

2.6.9 质量记录

(1)材料的产品合格证书、性能检测报告、进场验收记录和复验报告。

(2)隐蔽工程记录。

(3)检验批检验记录。

(4)分项和单位工程检验记录。

(5)施工质量检验评定记录。

(6)施工现场检查记录。

(7)施工日记。

2.7 保温层薄抹灰工程施工工艺标准

本工艺标准适用于在新建、改建、扩建建筑中，采用保温板薄抹灰做法的外墙外保温工程的施工。

2.7.1 材料要求

(1)抹面胶浆应与保温板相容，技术要求见表 2.7.1-1。

表 2.7.1-1 抹面胶浆技术要求

项目		技术要求					试验方法
		与模塑板	与挤塑板	与硬泡聚氨酯板	与酚醛板	与隔离带	
拉伸粘结强度/MPa	常温常态	≥0.10	≥0.20	≥0.10	≥0.08	≥0.08	JGJ 144—2019
	浸水 48h，干燥 2h	≥0.06	≥0.10	≥0.06	≥0.06	—	
	浸水 48h，干燥 7d	≥0.10	≥0.20	≥0.10	≥0.08	≥0.08	
	耐冻融	≥0.10	≥0.20	≥0.10	≥0.08	≥0.08	
柔韧性	压折比	≤3.0					JG 149—2017
	抗冲击性	3J 级					JC/T 993—2006
不透水性		试样抹面层内侧无水渗透					JGJ 144—2019
吸水量/(g·m^{-2})		≤500					DB11/T T584—2013
可操作性/h		1.5～4.0					JGJ 144—2019

注：1. 拉伸粘结强度测试应使用系统配套的保温材料，若使用的保温材料需用配套界面剂，试验前应在保温材料上涂刷界面剂。

2. 做抗冲击试验时应选用相对应的模塑板、挤塑板、硬泡聚氨酯板、酚醛板、隔离带作为基材。当年度已进行外保温系统抗冲击测试时，可不测此项。

(2)玻纤网技术要求见表 2.7.1-2。

表 2.7.1-2 玻纤网技术要求

项目	技术要求	试验方法
单位面积质量/(g·m^{-2})	≥130	GB/T 9914.3—2014

续表

项目	技术要求	试验方法
断裂应变/%	≤5	GB/T 7689.5—2013
耐碱断裂强力保留率(经纬向)/%	≥50	快速法:JC 561.2—2006 中附录 A 或标准方法 GB/T 20102—2006、GB/T 7689.5—2013
耐 VAV 裂强力(经纬向)/(N/50mm)	≥750	

2.7.2 施工准备

(1)施工前应进行以下技术准备。

1)施工人员应进行技术培训,了解材料性能,掌握施工要领,经考核合格后方可上岗。

2)施工方应编制专项施工方案,并对施工人员进行书面技术交底。

3)专项施工方案应包括施工防火措施。

(2)施工前门窗框、阳台栏杆(板)和预埋件应安装完毕,墙上的施工孔洞应堵塞密实。

(3)外保温施工前,基层墙体应验收合格,墙面的残渣和脱模剂应清理干净,墙面平整度超差部分应剔凿或修补,伸出墙面的(设备、管道)联结件应安装完毕。

(4)外保温施工的墙体基面的允许偏差和检验方法见表 2.7.2-1。

表 2.7.2-1 墙体基面的允许偏差和检验方法

工程做法	项目			允许偏差/mm	检验方法
砌体工程	墙面垂直度	每层		4	2m 托线板检查
		全高	≤10m	8	经纬仪或吊线、钢尺检查
			>10m	15	
	表面平整度			4	2m 靠尺和塞尺检查
混凝土工程	墙面垂直度	层高	≤5m	6	经纬仪或吊线、钢尺检查
			>5m	8	
		全高		$H/1000$ 且≤30	经纬仪、钢尺检查
	表面平整度				2m 靠尺和塞尺检查

注:如墙体基面尺寸偏差不符合要求应进行找平处理,且应对找平后的墙面进行拉伸粘结强度测试。

(5)在正式施工前,应在与监理共同确定的工程墙体基面上采用与施工方案相同的材料和工艺制作样板件,检验胶粘剂与墙体基面拉伸粘结强度,验收合格后方可大面积施工。并根据实测粘结强度,按下式计算确定工程施工方案的粘结面积率。粘结面积率最高不大于80%,最低除酚醛板不小于50%外,其余保温板不小于40%。如粘结面积率为80%时仍不能满足要求,应结合实测锚栓抗拉承载力设计特定的联结方案。

$$F=BS>0.10\text{N/mm}^2$$

式中，F 为外保温系统与基层墙体单位面积的实有粘结力（N/mm^2），B 为基层墙体与所用胶粘剂的实测粘结强度（N/mm^2），S 为粘结面积率（%）。

(6)材料存放应符合以下要求。

1)保温板进场后，应远离火源。保温板宜在库（棚）内存放，注意通风、防潮，严禁雨淋。如露天存放，应采用不燃材料完全覆盖。

2)材料应分类存放并挂牌标明材料名称。

(7)外保温施工主要机具包括磅秤、电动搅拌器、电锤（冲击钻）、裁刀、自动（手动）螺丝刀、剪刀、钢丝刷、扫帚、棕刷、开刀、墨斗、抹子、压子、阴阳角抿子、托线板，2m 靠尺等。

2.7.3 作业条件

(1)施工时，环境温度和基墙温度不应低于 5℃，风力不大于 5 级。雨天不得施工。夏季施工时，施工面应避免阳光直射，必要时可在脚手架上搭设防晒布遮挡。如施工中突遇降雨，应采取有效措施，防止雨水冲刷施工面。

(2)施工用吊篮或专用外脚手架搭设应牢固，并经安全验收合格。

2.7.4 施工操作工艺

(1)工艺流程：保温板涂界面剂（根据需要）→配抹面胶浆→抹底层抹面胶浆→铺设玻纤网→抹面层抹面胶浆。

1)放线、挂线应按以下操作工艺进行。

①在阴角、阳角、阳台栏板和门窗洞口等部位挂垂直线或水平线等控制线。

②根据基层平整度误差情况，对超差部分进行处理。

2)保温板如需要进行界面处理，应在粘结面上涂刷界面剂，晾置备用。

3)应在门窗洞口四角处沿 45°方向加铺 400mm×200mm 增强玻纤网（见图 2.7.4-1）。增强玻纤网应置于大面玻纤网的内侧。翻包玻纤网与洞口增强网重叠时，可将重叠处的翻包玻纤网裁掉。抹抹面砂浆前，如保温板需要进行界面处理，应在保温板上涂刷界面剂。

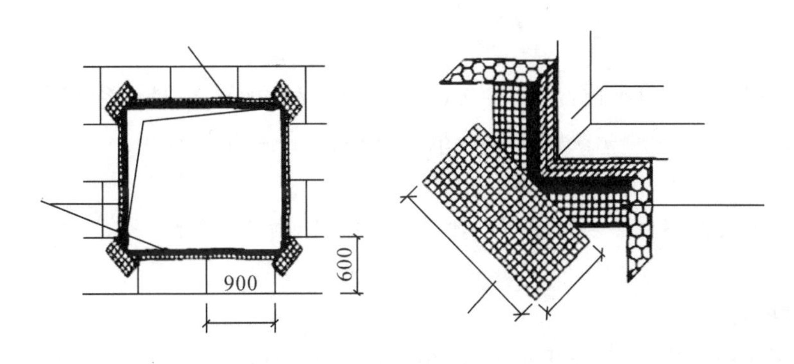

图 2.7.4-1 门窗洞口玻纤网加强（单位：mm）

(2)抹抹面胶浆应按以下操作工艺进行。

1)抹面胶浆应按照比例配制，应做到计量准确，机械搅拌，搅拌均匀。一次的配制量宜在 60min 内用完,超过可操作时间后不得再用。

2)抹灰施工宜在保温板粘结完毕 24h,且经检查验收合格后进行,如采用乳液型界面剂,应在表干后实干前进行。底层抹面胶浆应均匀涂抹于板面,厚度为 2～3mm,同时将翻包玻纤网压入抹面胶浆中。在抹面胶浆可操作时间内,将玻纤网贴于抹面胶浆上。玻纤网应从中央向四周抹平,铺贴遇有搭接时,搭接宽度不得小于 100mm。

3)在隔离带位置应加铺增强玻纤网,增强玻纤网应先于大面玻纤网铺设,上下超出隔离带宽度不应小于 100mm,左右可对接,对接位置离隔离带拼缝位置不应小于 100mm。大面玻纤网的上下如有搭接,搭接位置距离隔离带不应小于 200mm。

4)隔离带位于窗口顶部时,粘贴前应做翻包处理。翻包网可左右对接,对接位置距隔离带拼缝处不应小于 100mm。

5)阳角宜采用角网增强处理,角网位于大面玻纤网内侧,不得搭接。

6)在底层抹面胶浆凝结前应用抹面胶浆罩面,厚度为 1～2mm,以仅覆盖玻纤网、微见玻纤网轮廓为宜。抹面胶浆表面应平整,玻纤网不得外露。抹面胶浆总厚度应控制在 3～5mm。其中,门窗洞口上部及两侧 200mm 范围内砂浆厚度不应小于 5mm。

7)抹面胶浆施工间歇位置宜在伸缩缝、挑台等自然断开处。在连续墙面上如需停顿,面层抹面胶浆不应完全覆盖已铺好的玻纤网,需与玻纤网、底层抹面胶浆呈台阶形坡茬,留茬宽度不应小于 150mm。

(3)保温层伸缩缝施工时,伸缩缝内应先垫适当厚度保温板,然后填塞发泡聚乙烯圆棒或条(直径或宽度为缝宽的 1.3 倍),分两次勾填建筑密封膏,勾填厚度为缝宽的 50%～70%。变形缝处应设置金属盖板,以射钉或螺丝紧固。

(4)对于首层与其他需加强部位,立按要求抹面层抹面胶浆后加铺一层玻纤网,并加抹一道抹面胶浆,抹面胶浆总厚度应控制在 5～7mm。

(5)外饰面作业应待抹面层达到饰面施工要求时进行,具体施工方法按相关施工标准进行。

2.7.5 质量标准

(1)主控项目。

1)所用材料进场后,应进行质量检查和验收,其品种、规格、性能必须符合设计和相关标准的要求。检验方法:检查系统性能检测报告,检查产品合格证和出厂检验报告,核查现场抽样复验报告。

2)抹面胶浆与保温板必须粘结牢固,无脱层、空鼓,面层无裂缝。检验方法:用小锤轻击和观察检查。

(2)一般项目。

1)玻纤网应铺压严实,包覆于抹面胶浆中,不得有空鼓、褶皱、翘曲、外露等现象。搭接长度应符合规定要求。增强部位的玻纤网做法应符合设计和本规程的要求。检验方法:观察,核查隐蔽工程验收记录。

2)外保温墙面抹面层的允许偏差和检验方法见表 2.7.5-1。

表 2.7.5-1　外保温墙面抹面层的允许偏差和检验方法

序号	项目	允许偏差/mm	检验方法
1	立面垂直度	4	用 2m 垂直检测尺检查
2	表面平整度	4	用 2m 靠尺和塞尺检查
3	阴阳角方正	4	用直角检测尺检查
4	直线度	4	拉 5m 线，不足 5m 拉通线，用钢直尺检查

2.7.6　成品保护

(1)外墙外保温工程施工应与用火、用焊作业严格分离。

(2)外墙外保温工程施工中与外墙相毗邻的竖井、凹槽、平台不得堆放可燃物。

(3)外墙外保温工程施工作业工位应配备足够的消防灭火器材。

(4)施工所用照明、电热器等设备的发热部位靠近保温板或导线穿越保温板时，应采取有效隔热措施予以分隔。

(5)外墙外保温施工完成后，后续工序与其他正在进行的工序应注意对成品进行保护。禁止在保温墙面上随意剔凿，避免尖锐物品撞击。

(6)门窗洞口、边、角、垛宜采取保护性措施。

2.7.7　安全措施

(1)施工人员应遵守施工现场各项安全生产、环境保护管理制度，服从现场的统一管理。进入现场必须戴安全帽。施工现场严禁上下抛扔工具等物品。

(2)施工作业高度在 2m 以上时，施工人员必须采取有效的防护措施，系好安全带，防止坠落。

(3)必须对脚手架进行安全检查，确认合格后方可上人。脚手架应满铺脚手板，并固定牢固，严禁出现探头板。

(4)使用手持电动工具均应设置漏电保护器，戴绝缘手套，防止触电。

2.7.8　环保措施

(1)外保温工程施工应符合现行地方标准《绿色施工管理规程》(DB 11/513—2018)及相关规定的要求。

(2)每道工序应做到活完脚下清，切割后的保温板边角料、碎末等应及时清理，并将废料放置到指定地点。

(3)靠近居民生活区施工时，应控制施工噪声。需夜间运输时，车辆不得鸣笛，减少噪声以防扰民。

主要参考标准名录

[1]《建筑装饰装修工程质量验收规范》(GB 50210—2018)

[2]《建筑工程施工质量验收统一标准》(GB 50300—2013)

[3]《预拌砂浆应用技术规程》(JGJ/T 223—2010)

[4]《保温板薄抹灰外墙外保温施工技术规程》(DB11/T 584—2013)

[5]《抹灰砂浆技术规程》(JGJ/T 220—2010)

[6]《建筑装饰装修工程施工与质量验收实用手册》,本书编委会编,中国建材工业出版社,2004

[7]《建筑分项施工工艺标准手册》,江正荣主编,中国建筑工业出版社,2009

[8]《建筑装饰装修工程施工工艺标准》,中国建筑工程总公司编,中国建筑工业出版社,2003

3 门窗工程施工工艺标准

3.1 木门窗制作与安装施工工艺标准

木门窗是以木材、木质复合材料为主要材料的门窗。木门窗一般由框和扇组成。木门窗的构造和施工特点是:防寒保温性能好,装饰效果强。本工艺标准适用于建筑装饰装修工程木门窗制作与安装施工。工程施工应以设计图纸和有关施工质量验收规范为依据。

3.1.1 材料要求

(1)木门窗(包括纱门窗)。由木材加工厂供应的木门窗框和扇必须是经检验合格的产品,并具有出厂合格证,进场前应对型号、数量及门窗扇的加工质量进行全面检查(其中包括缝子大小、接缝是否平整、几何尺寸是否正确及门窗的平整度等)。门窗框制作前的木材含水率不得超过12%,生产厂家应严格控制。

(2)防腐剂。氟硅酸钠(其纯度不应小于95%,含水率不大于1%,细度要求应全部通过1600孔/cm^2筛),稀释的冷底子油涂刷木材与墙体接触部位进行防腐处理。

(3)钉子、木螺丝、合页、插销、拉手、挺钩、门锁等按门窗图表所列的小五金型号、种类及其配件准备。

(4)不同轻质墙体预埋设的木砖及预埋件等应符合设计要求。

3.1.2 主要机具设备

主要机具设备包括水准仪、粗刨、细刨、裁口刨、单线刨、手电钻、电刨、电锯、电锤、锯、水平尺、木工斧、羊角锤、木工三角尺、吊线坠、大号螺丝刀等。

3.1.3 作业条件

(1)门窗框和扇安装前应先检查有无窜角、翘扭、弯曲、劈裂等,如有以上情况,应先进行修理。

(2)门窗框靠墙、靠地的一面应刷防腐涂料,其他各面及扇活均应涂刷清油一道。刷油后分类码放平整,底层应垫平、垫高。每层框与框、扇与扇间垫木板条通风,如露天堆放,需用苫布盖好,以防日晒雨淋。

(3)安装外窗以前应从上往下吊直,找好窗框位置,上下不对者应先进行处理。窗安装调试时，+500mm 水平线提前弹好，并在墙体上标注好安装位置。

(4)应依据图纸尺寸核对后安装门框，并按图纸开启方向要求，注意裁口方向。安装高度按室内 500mm 水平线控制。

(5)门窗框的安装应在抹灰前进行。门扇和窗扇的安装宜在抹灰完成后进行。如窗扇必须先行安装，应注意成品保护，防止碰撞和污染。

3.1.4 施工操作工艺

工艺流程：找规矩弹线，找出门窗框安装位置→掩扇及安装样板→窗框、扇安装→门框安装→门扇安装。

(1)找规矩弹线。结构工程经过核验合格后，即可从顶层开始用大线坠吊垂直，检查窗口位置的准确度，并在墙上弹出墨线，门窗洞口结构凸出窗框线时进行剔凿处理。窗框安装的高度应根据室内+500mm 水平线核对检查，使其窗框安装在同一标高上。室内外门框应根据图纸位置和标高安装，并根据门的高度合理设置木砖数量，且每块木砖应钉 2 个 100mm 长的钉子，并应将钉帽砸扁钉入木砖内，使门框安装牢固。轻质隔墙应预设带木砖的混凝土块，以保证其门窗安装牢固。

(2)掩扇及安装样板。把窗扇根据图纸要求安装到窗框上，此道工序称为掩扇。对掩扇的质量按验评标准检查缝隙大小、五金位置、尺寸及牢固性等。将符合标准要求的掩扇作为样板，以此作为验收标准和依据。

(3)窗框、扇安装。弹线安装窗框扇应考虑抹灰层的厚度，并根据门窗尺寸、标高、位置及开启方向，在墙上画出安装位置线。有贴脸的门窗、立框，应与抹灰面平；有预制水磨石板的窗，应注意窗台板的出墙尺寸，以确定立框位置。中立的外窗，如外墙为清水砖墙钩缝，可稍移动，以盖上砖墙立缝为宜。

窗框的安装标高，以墙上弹+500mm 水平线为准，用木楔将框临时固定于窗洞内，为保证与相隔窗框平直，应在窗框下边拉小线找直，并用铁水平尺将平线引入洞内作为立框时标准，再用线坠校正吊直。黄花松窗框安装前先对准木砖位置钻眼，便于钉钉。

(4)门框安装。

1)木门框安装。应在地面工程施工前完成，门框安装应保证牢固，门框应用钉子与木砖钉牢，一般每边不少于 2 点固定，间距不大于 1.2m。若隔墙为加气混凝土条板，应按要求间距预留 45mm 的孔，孔深 7～100mm，并在孔内预埋木楔粘建筑胶水泥浆加入孔中(木楔直径应大于孔径 1mm 以使其打入牢固)。待其凝固后再安装门框。

2)钢门框安装。

①安装前先找正套方，防止在运输及安装过程中产生变形，并应提前刷好防锈漆。

②门框应按设计要求及水平标高、平面位置进行安装，并应注意成品保护。

③后塞口时，应按设计要求预先埋设铁件，并按规范要求每边不少于 2 个固定点，其间距不大于 1.2m。检查型号标高，确认位置无误后，及时将框上的铁件与结构预埋铁件焊好焊牢。

(5)木门扇的安装。

1)先确定门的开启方向及小五金型号和安装位置,对开门扇扇口的裁口位置开启方向,一般右扇为盖口扇。

2)检查门口尺寸是否正确,边角是否方正,有无窜角;检查门口高度应量门的两侧;检查门口宽度应量门口的上、中、下三点,并在扇的相应部位定点画线。

3)将门扇靠在框上,画出相应的尺寸线。若扇大,应根据框的尺寸将大出部分刨去;若扇小,应绑木条,用胶和钉子钉牢,钉帽要砸扁,并钉入木材内 1~2mm。

4)第一次修刨后的门扇应以能塞入口内为宜,塞好后用木楔顶住,临时固定。按门扇与口边缝宽合适尺寸,画第二次修刨线,标上合页槽的位置(距门扇的上、下端 1/10,且避开上、下冒头)。同时应注意口与扇安装是否平整。

5)门扇二次修刨,缝隙尺寸适合后即安装合页。应先用线勒子勒出合页的宽度,根据上、下冒头 1/10 的要求,钉出合页安装边线,分别从上、下边线从里量出合页长度,剔合页槽时应留线,不应剔得过大、过深。

6)合页槽剔好后,即安装上、下合页,安装时应先拧一个螺丝,然后关上门,检查缝隙是否合适,口与扇是否平整,无问题后方可将螺丝全部拧上拧紧。木螺丝应钉入全长 1/3,拧入 2/3。如门窗为黄花松或其他硬木,安装前应先打眼。眼的孔径为木螺丝的 90%,眼深为螺丝长的 2/3,打眼后再拧螺丝,以防安装劈裂或将螺丝拧断。

7)安装对开扇。应将门扇的宽度用尺寸量好,再确定中间对口缝的裁口深度。如采用企口榫,对口缝的裁口深度及裁口方向应满足装锁的要求,然后对四周修刨到准确尺寸。

8)五金安装应按设计图纸要求,不得遗漏。一般门锁、碰珠、拉手等距地高度为 95~1000mm,插销应在拉手下面。对开门扇装暗插销时,安装工艺同自由门。不宜在中冒头与立挺的结合处安装门锁。

9)安装玻璃门时,一般玻璃裁口在走廊内,厨房、厕所玻璃裁口在室内。

10)门扇开启后易碰墙,为固定门扇位置应安装定门器,对有特殊要求的门应安装门扇开启器,其安装方法参照产品安装说明书。

3.1.5 质量标准

(1) 主控项目。

1)木门窗的品种、类型、规格、尺寸、开启方向、安装位置、连接方式及性能应符合设计要求及国家现行标准的有关规定。检验方法:观察,尺量检查,检查产品合格证书、性能检验报告、进场验收记录和复验报告,检查隐蔽工程验收记录。

2)木门窗应采用烘干的木材,含水率及饰面质量应符合国家现行标准的有关规定。检验方法:检查材料进场验收记录、复验报告和性能检验报告。

3)木门窗的防火、防腐、防虫处理应符合设计要求。检验方法:观察,检查材料进场验收记录。

4)木门窗框的安装应牢固。预埋木砖的防腐处理,木门窗框固定点的数量、位置及固定方法应符合设计要求。检验方法:观察,手扳检查,检查隐蔽工程验收记录和施工记录。

5)木门窗扇的安装应牢固。开关灵活,关闭严密,无倒翘。检验方法:观察,开启和关闭检查,手扳检查。

6)木门窗配件的型号、规格、数量应符合设计要求,安装应牢固,位置应正确,功能应满足使用要求。检验方法:观察,开启和关闭检查,手扳检查。

(2)一般项目。

1)木门窗表面应洁净,不得有刨痕、锤印。检验方法:观察。

2)木门窗的割角、拼缝应严密平整。门窗框、扇裁口应顺直,刨面应平整。检验方法:观察。

3)木门窗上的槽、孔应边缘整齐,无毛刺。检验方法:观察。

4)木门窗与墙体间缝隙填嵌应饱满。严寒和寒冷地区外门窗(或门窗框)与砌体间的空隙应填充保温材料。检验方法:轻敲门窗框检查,检查隐蔽工程验收记录和施工记录。

5)木门窗批水、盖口条、压缝条、密封条的安装应顺直,与门窗结合应牢固、严密。检验方法:观察,手扳检查。

6)木门窗安装的留缝限值、允许偏差和检验方法应符合规范规定。

3.1.6 成品保护

(1)一般木门框安装后应用铁皮保护,其高度以手推车轴中心为准,如门框安置与结构同时进行,应采取措施,防止门框碰撞或移位变形。高级硬木门框宜用10mm厚木板条钉设保护,防止砸碰而破坏裁口,影响安装。

(2)修刨门窗时应用木卡具将门垫起卡牢,以免损坏门边。

(3)门窗框扇进场后应妥善保管,入库存放,垫起离开地面20～40mm并垫平,按使用先后顺序将其码放整齐。露天临时存放时,应用苫布盖好,防止雨淋。

(4)进场的木门窗框靠墙的一面应刷木材防腐剂进行处理,钢门窗应及时刷好防锈漆,防止生锈。

(5)安装门窗扇时,应轻拿轻放,防止损坏成品,整修门窗时不得硬撬,以免损坏扇料和五金。

(6)安装木材扇时,注意防止碰撞抹灰角和其他装饰好的成品。

(7)已安装好的门窗扇如不能及时安装五金,应派专人负责管理,防止刮风时破坏门窗及玻璃。

(8)严禁将窗框扇作为架子的支点使用,防止脚手板砸碰损坏。

(9)五金安装应符合图纸要求,安装后应注意成品的保护。喷浆时应遮盖保护,以防污染。门窗安好后,不得在室内再使用手推车,防止砸碰。

3.1.7 安全与环保措施

(1)安装门窗用的梯子必须结实牢固,不应缺档,不应放置过陡,梯子与地面夹角以60°～70°为宜。严禁两人同时站在一个梯子上作业。高凳不能站其端头,防止跌落。

(2)机械操作人员应经专业技术培训,并经考试合格,取得操作证后方可上岗独立操作。

(3)机床开动前应进行检查,锯条、刀片等切削刃具不得有裂纹,紧固螺丝应拧紧。台面上或防护罩上不得放有木料或工具。

(4)作业场所应配备齐全可靠的消防器材。作业场所不得存放易燃物品,并严禁吸烟或动用明火。

(5)严禁使用不具备安全防护性能的锯、刨、钻联合木工机械。

(6)安装门窗、玻璃或擦玻璃时,严禁用手攀窗框、窗扇和窗撑;操作时应系好安全带,严禁把安全带挂在窗撑上。

(7)废弃物按指定位置分类储存,集中处置。

(8)施工后的锯末、刨花、废料应及时清理,做到工完料净场地清,坚持文明施工。

(9)对于在施工过程中电锯、电刨等产生噪声影响的因素,在施工中应采取相应的措施减少对周围环境的污染。

3.1.8 施工注意事项

(1)有贴脸的门框安装后与抹灰面不平。立口时没掌握好抹灰面的厚度。

(2)门窗洞口预留尺寸不准。安装门窗框后四周的缝子过大或过小;砌筑时门窗洞口尺寸不准,所留余量大小不均;砌筑上下左右,拉线找规矩,偏移较多。一般情况下安装门窗框上皮应低于门窗过梁 10～15mm,窗框下皮应比窗台上皮高 5mm。

(3)门窗框安装不牢。预埋的木砖数量少或木砖不牢;砌半砖墙未设置带木砖的混凝土块,而是直接使用木砖,干燥收缩松动,预制混凝土隔板,应在预制时埋设木砖使之牢固,以保证门窗框安装牢固。木砖的设置应满足数量和距离的要求。

(4)合页不平,螺丝松动,螺帽斜露,缺少螺丝,合页槽深浅不一。安装时螺丝钉入太长或倾斜拧入,要求安装时螺丝应钉入 1/3,拧入 2/3,拧时不能倾斜。安装时如遇木节,应在木节处钻眼,重新塞入木塞后再拧螺丝,同时应注意不要遗漏螺丝。

(5)上下层门窗不顺直,左右门窗安装不符线,洞口预留偏位。安装前未按要求弹线找规矩,未吊好垂直立线,安装时未按 500mm 拉线找规矩。要求施工者必须按工艺要求,安装前先弹线找规矩,做好准备工作后,先做样板,经鉴定符合要求后,再全面安装。

3.1.9 质量记录

(1)木材等原材料的质量证明单及木门窗出厂合格证。

(2)门窗五金的出厂合格证,或产品的合格证明。

(3)隐蔽工程验收记录。

(4)施工记录。

(5)木门窗制作、安装工程检验批质量验收记录。

3.2 钢门窗安装施工工艺标准

钢门窗通常分空腹和实腹两类，由框和扇组成。钢门窗的框和扇均用小型型钢和钢板制成。实腹钢门窗由于金属表面外露，易于油漆，故耐腐蚀性能比空腹的好；空腹钢门窗的材料为空芯材料，其芯部空间的表面不便于油漆，因而耐腐蚀性能相对较差。本工艺标准适用于建筑装饰装修工程钢门窗安装施工。工程施工应以设计图纸和有关施工质量验收规范为依据。

3.2.1 材料要求

(1)钢门窗的品种、型号及质量均应符合设计要求和制造的质量标准。五金配件配套齐全，且具有出厂合格证。

(2)采用 32.5 级以上的水泥，砂宜采用中砂或粗砂。

(3)玻璃、油灰应按设计要求选用。

(4)焊条应符合要求。

(5)进场前应先对钢门窗进行验收，不合格的不准进场。运到现场的钢门窗应分类堆放，不能参差挤压，以免变形。堆放场地应干燥，并有防雨、排水措施。搬运时轻拿轻放，严禁扔摔。

3.2.2 主要机具设备

(1)机械设备。包括电焊机、电钻。

(2)主要工具。包括手锤、螺丝刀、活扳手、钢卷尺、水平尺、线坠、撬棍、靠尺板、扁铁、榔头、改锥、剪钳、钢板锉、剪刀、木楔、斧、锯、扫帚等。

3.2.3 作业条件

(1)主体结构经有关质量部门验收合格，达到安装条件。工种之间已办好交接手续。

(2)已弹好室内+50cm 水平线，并按建筑平面图中所示尺寸弹好门窗中线。

(3)检查钢筋混凝土过梁上连接固定钢门窗的预埋铁件是否预埋，位置是否正确，对于未预埋或位置不准者，按钢门窗安装要求补装齐全。

(4)检查埋置钢门窗铁脚的预留孔洞是否正确，门窗洞口的高、宽尺寸是否合适，未留或留得不准的孔洞应校正后剔凿好，并将其清理干净。

(5)检查钢门窗，对由于运输、堆放不当而导致门窗框扇出现的变形、脱焊和翘曲等，应进行校正和修理。对表面处理后需要补焊的，焊后必须刷防锈漆。

(6)对组合钢门窗，应先做试拼样板，经有关部门鉴定合格后，再大量组装。

(7)五金零配件及各种螺栓、焊条、金属纱等均配备齐全。

3.2.4　施工操作工艺

工艺流程：划线定位→钢门窗就位→钢门窗固定→五金配件安装→安装橡胶密封条→安装纱门窗。

(1)划线定位。

1)根据设计图纸中门窗的安装位置、尺寸和标高，以门窗中线为准向两边量出门窗边线。如果工程为多层或高层，以顶层门窗安装位置线为准，用线坠或经纬仪将顶层分出的门窗边线标划到各楼层相应位置。

2)从各楼层室内＋50cm 水平线量出门窗的水平安装线。

3)依据门窗的边线和水平安装线做好各楼层门窗的安装标记。

(2)钢门窗就位。

1)按图纸中要求的型号、规格及开启方式(见图 3.2.4-1)等，将所需要的钢门窗搬运到安装地点，并垫靠稳当。

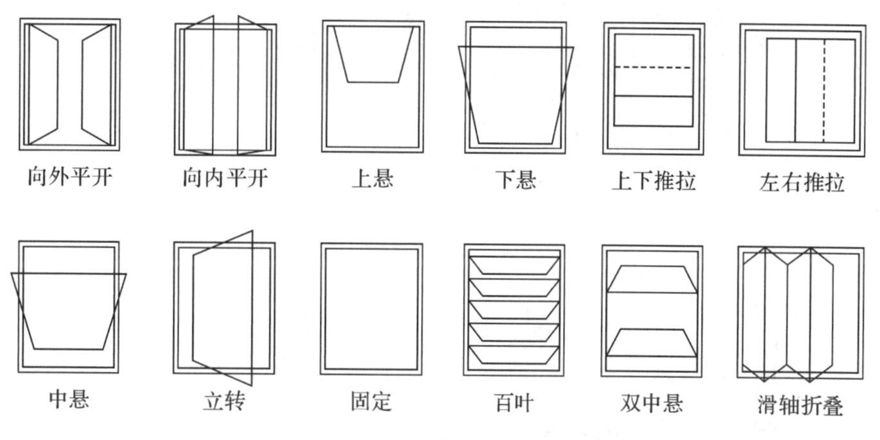

图 3.2.4-1　窗的开启方式

2)将钢门窗立于图纸要求的安装位置，用木楔临时固定，将其铁脚插入预留孔中，然后根据门窗边线、水平线及距外墙皮的尺寸进行支垫，并用托线板靠吊垂直。

3)钢门窗就位时，应保证钢门窗上框距过梁要有 20mm 缝隙，框左右缝宽一致，距外墙皮尺寸符合图纸要求。

(3)钢门窗固定。

1)钢门窗就位后，校正其水平和正、侧面垂直，然后将上框铁脚与过梁预埋件焊牢，将框两侧铁脚插入预留孔内，用水把预留孔内湿润，用 1∶2 水泥砂浆或 C20 细石混凝土将其填实后抹平。终凝前不得碰动框扇。钢门窗铁脚埋设参见图 3.2.4-2。

2)3 天后取出框四周木楔，用 1∶2 水泥砂浆把框与墙之间的缝隙填实，与框同平面抹平。

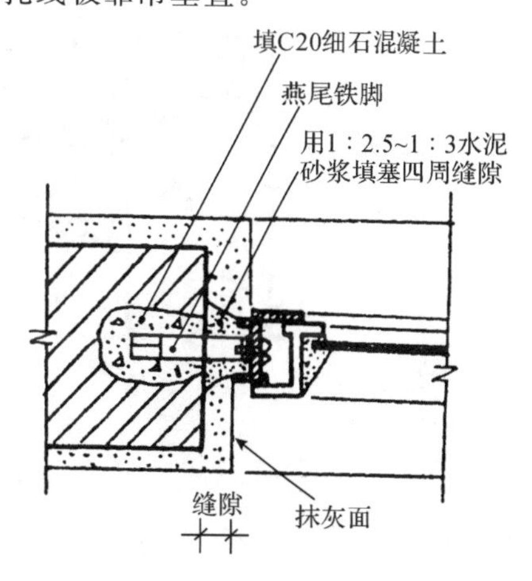

图 3.2.4-2　钢门窗铁脚埋设

3)若为钢大门,应将合页焊到墙中的预埋件上。要求每侧预埋件必须在同一垂直线上,两侧对应的预埋件必须在同一水平位置上。

4)钢门铁脚固定的具体做法参见图 3.2.4-3。

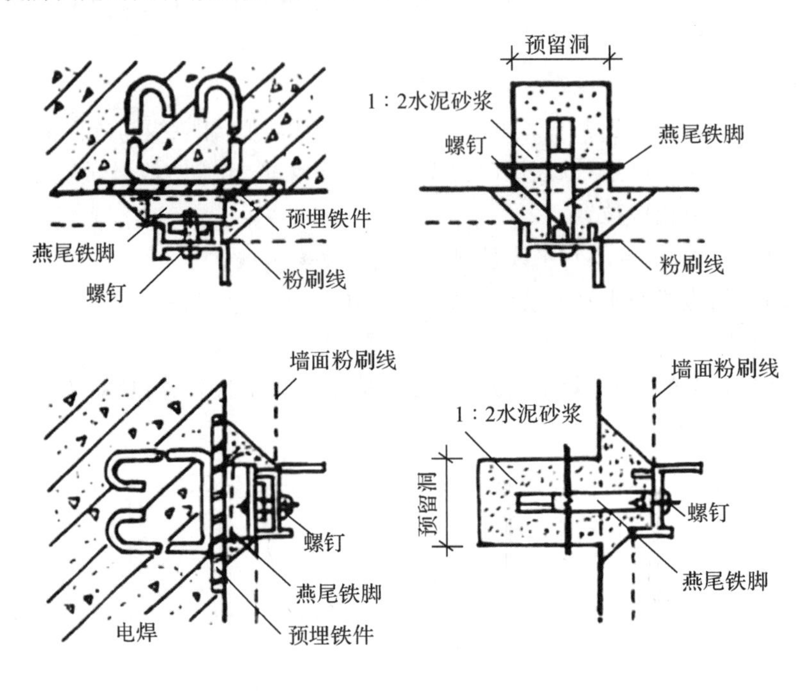

(a) 实腹铁门

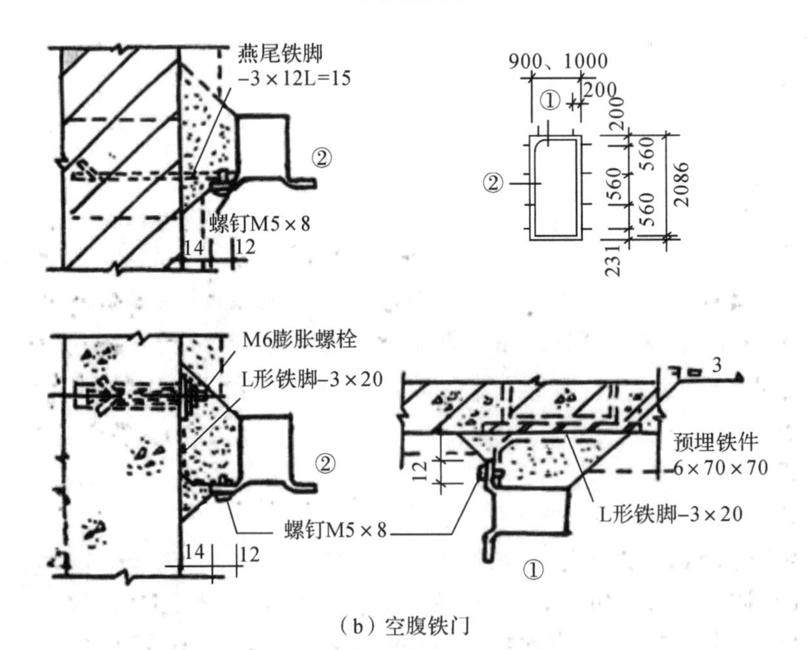

(b) 空腹铁门

图 3.2.4-3　钢门铁脚固定(单位:mm)

(4)五金配件的安装。

1)检查窗扇开启是否灵活,关闭是否严密,如有问题必须调整后再安装。

2)在开关零件的螺孔处配置合适的螺钉,将螺钉拧紧。当拧不进去时,检查孔内是否有多余物,若有,将其剔除后再拧紧螺丝。当螺钉与螺孔位置不吻合时,可略挪动位置,重新攻丝后再安装。

3)钢门锁的安装按说明书及施工图要求进行,安好后锁应开关灵活。

(5)安装橡胶密封条应根据设计要求设置。一般所用氯丁海绵橡胶密封条是通过胶带贴在门窗框的大面内侧。胶条有两种,一种是K形,适用于25A空腹钢门窗;另一种是S形,适应于32mm实腹钢门窗的密闭。胶带是由细纱布双面涂胶,用聚乙烯薄膜作为隔离层。粘贴时,首先将胶带粘贴于门窗框大面内侧,然后剥除隔离层,再将密封条粘在胶带上。

(6)安装纱门窗。应根据设计要求设置。先对纱门和纱窗扇进行检查,如有变形应及时校正;高、宽大于1400mm的纱扇,在装纱前要将纱扇中部用木条做临时支撑,以防扇纱凹陷影响使用。在检查压纱条和纱扇配套后,将纱裁割得比实际尺寸长出50mm,即可以绷纱。绷纱时先用机螺丝拧入上下压纱条,再装两侧压纱条,切除多余纱头,再将机螺丝的丝扣剔平并用钢板锉锉平。待纱门窗扇装纱完成后,于交工前再将纱门窗扇安装在钢门窗框上。最后,在纱门上安装护纱条和拉手。

3.2.5　质量标准

(1)主控项目。

1)钢门窗的品种、类型、规格、尺寸、性能、开启方向、安装位置、连接方式及型材壁厚应符合设计要求。钢门窗的防腐处理及填嵌、密封处理应符合设计要求。检验方法:观察,尺量检查,检查产品合格证书、性能检测报告、进场验收记录和复验报告,检查隐蔽工程验收记录。

2)钢门窗框和副框的安装必须牢固。预埋件的数量、位置、埋设方式、与框的连接方式必须符合设计要求。检验方法:手扳检查,检查隐蔽工程验收记录。

3)钢门窗扇必须安装牢固,并应开关灵活、关闭严密,无倒翘。推拉门窗扇必须有防脱落措施。检验方法:观察,开启和关闭检查,手扳检查。

4)钢门窗配件的型号、规格、数量应符合设计要求,安装应牢固,位置应正确,功能应满足使用要求。检验方法:观察,开启和关闭检查,手扳检查。

(2)一般项目。

1)钢门窗表面应洁净、平整、光滑、色泽一致,无锈蚀。大面应无划痕、碰伤。漆膜或保护层应连续。检验方法:观察。

2)钢门窗框与墙体之间的缝隙应填嵌饱满,并采用密封胶密封。密封胶表面应光滑、顺直,无裂纹。检验方法:观察,轻敲门窗框检查,检查隐蔽工程验收记录。

3)钢门窗扇的橡胶密封条或毛毡封条应安装完好,不得脱槽。检验方法:观察,开启和关闭检查。

4)有排水孔的钢门窗,排水孔应畅通,位置和数量应符合设计要求。检验方法:观察。

5)钢门窗安装的留缝值、允许偏差和检验方法见表3.2.5-1。

表3.2.5-1 钢门窗安装的留缝限值、允许偏差和检验方法

序号	项目		留缝限值/mm	允许偏差/mm	检验方法
1	门窗槽口宽度、高度	≤1500mm	—	2.5	用钢尺检查
		>1500mm	—	3.5	
2	门窗槽口对角线长度差	≤2000mm	—	5	用钢尺检查
		>2000mm	—	6	
3	门窗框的正、侧面垂直度		—	3	用1m垂直检测尺检查
4	门窗横框的水平度		—	3	用1m水平尺和塞尺检查
5	门窗横框标高		—	5	用钢尺检查
6	门窗竖向偏离中心		—	4	用钢尺检查
7	双层门窗内外框间距		—	5	用钢尺检查
8	门窗框、扇配合间隙		≤2	—	用塞尺检查
9	无下框时门扇与地面间留缝		4～8	—	用塞尺检查

6)涂色镀锌钢板门窗安装的允许偏差和检验方法见表3.2.5-2。

表3.2.5-2 涂色镀锌钢板门窗安装的允许偏差和检验方法

序号	项目		允许偏差/mm	检验方法
1	门窗槽口宽度、高度	≤1500mm	2	用钢尺检查
		>1500mm	3	
2	门窗槽口对角线长度差	≤2000mm	4	用钢尺检查
		>2000mm	5	
3	门窗框的正、侧面垂直度		3	用垂直检测尺检查
4	门窗横框的水平度		3	用1m水平尺和塞尺检查
5	门窗横框标高		5	用钢尺检查
6	门窗竖向偏离中心		5	用钢尺检查
7	双层门窗内外框间距		4	用钢尺检查
8	推拉门窗扇与框搭接量		2	用钢尺检查

3.2.6 成品保护

(1)钢门窗进场后,应按规格、型号、分类堆放,然后挂牌并标明其规格、型号和数量,用苫布盖好,严防乱堆乱放,防止钢窗变形和生锈。

(2)钢门窗运输时应轻拿轻放,并采取保护措施,避免挤压、磕碰,防止变形损坏,安装完毕的钢门窗严禁安放脚手架或悬吊重物,安装完毕的门窗洞口不能再做施工运料通道。必须使用时,应采取防护措施。

(3)抹灰时,残留在钢门窗框扇上的砂浆应及时清理干净。

(4)严禁将钢门窗的樘料作为脚手架的支点和固定点,使樘料受压变形;严禁将脚手架木的拉杆固定或捆绑在钢门窗框上,防止钢门窗移位和变形。

(5)拆架子时,注意将开启的门窗扇关上后再落架子,防止撞坏钢门窗。

3.2.7 安全与环保措施

(1)安装门窗用的梯子必须结实牢固,不应缺档,不应放置过陡,梯子与地面夹角以60°～70°为宜。严禁两人同时站在一个梯子上作业。高凳不能站其端头,防止跌落。

(2)作业场所应配备齐全可靠的消防器材。作业场所不得存放易燃物品,并严禁吸烟或动用明火。

(3)从事电、气焊或气割作业前,应清理作业周围的可燃物体或采取可靠的隔离措施。对需要办理动火证的场所,在取得相应手续后方可动工,并设专人进行监护。

(4)安装门窗、玻璃或擦玻璃时,严禁用手攀窗框、窗扇和窗撑;操作时应系好安全带,严禁把安全带挂在窗撑上。

(5)在施工过程中对于电锤等施工机具产生的噪声,施工人员应严格按工程确定的环保措施进行控制。

(6)废弃物按指定位置分类储存,集中处置。

(7)施工后的废料应及时清理,做到工完料净场地清,坚持文明施工。

3.2.8 施工注意事项

(1)安装钢门窗过程中,坚决禁止将钢门窗铁脚用气焊烧去或将铁脚打弯勉强塞入预留孔内。

(2)钢门窗安装时,必须按操作工艺进行,施工前一定要画线定位,按钢门窗的边线和水平线安装,使钢门窗上下顺直,左右标高一致。

(3)安装时要使钢门窗垂直方正,对门窗扇的劈棱和窜角必须及时调整;抹灰时不能使吃口影响门窗的开关灵活,口角要方正,旋脸不下垂,凸线平直,以确保门窗开关灵活,开启方向到位。

(4)钢门窗调整、找方或补焊、气割等必须认真仔细,焊药药皮必须砸掉,补焊处用钢锉挫平,并及时补刷防锈漆,以确保工程质量。

(5)安装钢窗时,必须认真核对窗型号,符合要求后再安装。堆放时注意对钢窗披水的保护,以免损坏钢窗披水。

(6)钢门窗与五金配件必须同时配套进场,以满足使用并应考虑合理的损耗率,一次加工订货备足,以保证门窗五金配件齐全、配套。

(7)钢门窗五金配件安装一般应在末道油漆完成后进行。但为保证钢门窗及玻璃安装的质量,可在玻璃装好后及时把门窗扳手装上,以防止刮风损坏门窗玻璃。

(8)下列质量通病应予防治。

1)翘曲和窜角。钢门窗加工质量有个别口扇不符标准;在运输堆放时不仔细、不认真保管;安装时垂直平整自检不够,安装前应认真进行检查,发现翘曲和窜角应及时校正修理,修好后再进行安装。

2)铁脚固定不符合要求。原预留洞与铁脚位置不符,安装前又没有检查和处理,在安装时有的任意将铁脚用气焊烧去,有的将铁脚打弯后勉强塞入孔内,严重地影响钢窗安装的牢固。

3)上下钢门窗不顺直,左右钢门窗标高不一致。没按操作工艺的施工要点进行,施工前没找规矩,安装时没挂线。

4)钢门窗开关不灵活。抹灰时吃口影响其使用的灵活性;安装时垂直方正没找好,有的门窗劈棱、窜角,也没进行修理。要求在钢门窗安装后进行开关试验检查,看是否灵活,对其影响开关的抹灰层应剔去重新补抹,对门窗扇的劈棱和窜角应调整。

5)开启方向不到位。抹灰的口角不方正,或抹的旋脸下垂,凸线不直,将直接影响门窗的开启。要求抹灰时严格按验收标准施工,对不合格的点要修好。

6)钢门窗的调整、找方或补焊、气割等处理不认真,焊药药皮不砸,补焊处不用钢挫挫平,不补刷防锈漆。

7)钢窗披水不全。有的安装时窗号使用错误,钢窗保管不好。应认真核对窗号,符合要求后再安装,并在堆放时注意对披水的保护。

8)五金配件不齐全、不配套,施工时丢失,二次进补与原牌号不符。要求钢门窗与五金配件同时加工配套进场,并考虑合理的损坏率,一次加工订货备足。

9)纱扇绷纱粗糙,纱头外露。压纱条与门窗扇裁口不配套,孔径过大,纱压得不紧,或纱头外露。

10)压纱条使用的自攻螺丝过长,丝尖外露易伤人。

11)钢纱门窗油漆粗糙,或防锈漆外露,基层污物清理不干净。

3.2.9 质量记录

(1)有关安全和功能的检测项目。建筑外墙金属窗的抗风压性、空气渗透性能和雨水渗透性能报告。

(2)检查产品合格证书、性能检测报告。

(3)进场验收记录和复验报告。

(4)检查隐蔽工程验收记录。

(5)施工记录。

3.3 铝合金门窗安装施工工艺标准

铝合金门窗因具有质量轻、刚性好、美观大方、清洁明亮、经久耐用等优点，故其应用极其广泛。主要不足是成本较高。本工艺标准适用于建筑装饰装修工程铝合金门窗安装施工。工程施工应以设计图纸和有关施工质量验收规范为依据。

3.3.1 材料要求

(1)铝合金门窗工程所用的铝合金型材的合金牌号、化学成分、力学性能、尺寸允许偏差应符合国家标准规范及设计要求。

(2)铝合金门窗工程用五金件应满足门窗功能要求和耐久性要求，合页、滑撑、滑轮等五金件的选用应满足门窗承载力要求。

(3)铝合金门窗框与洞口间采用泡沫填缝剂做填充时，宜采用聚氨酯泡沫填缝胶，固化后的聚氨酯泡沫胶缝表面应做密封处理。

(4)铝合金门窗工程用纱门、纱窗，宜使用径向不低于18目的窗纱。

(5)铝合金门窗在安装前应进行抗风压性能、水密性能及气密性能检验，其各项性能指标应符合国家现行标准中对此三项性能的规定及设计要求。

3.3.2 铝合金门窗的性能要求

铝合金门窗在出厂前必须经过严格的性能试验，达到规定的性能指标后，才能出厂和安装使用。铝合金门窗通常考核下列主要性能。

(1)立面设计。铝合金门窗的立面分格尺寸，应根据开启扇允许最大宽、高尺寸，并应考虑玻璃原片的成材率等综合确定。开启形式和开启面积比例，可根据各类用房使用特点确定，并应满足房间自然通风，以及启闭、清洁、维修方便性和安全性的要求。

(2)反复启闭性能。铝合金门窗的反复启闭性能应根据设计年限确定，且铝合金门的反复启闭次数不应少于10万次，窗的反复启闭次数不应少于1万次。经反复启闭性能检测试验后的门窗，应启闭无异常、使用无障碍，并应能保持正常的使用功能。

(3)水密性。外门窗的水密性能分级及指标应符合现行国家标准。

(4)抗风压性能。建筑外门窗的抗风压性能指标值(Pa)应按不低于门窗所受的风荷载标准值(Wk)确定，且不应小于1.0kN/m^2。外门窗在各性能指标值风压作用下，主要受力杆件相对挠度应参照以下要求：门窗镶嵌单层玻璃、夹层玻璃时，$u \leqslant l/100$；中空玻璃，$u \leqslant l/150$，相对挠度最大值为20mm。铝合金门窗在风压作用后不应出现使用功能障碍和损坏。

(5)气密性能。铝合金门窗试件在标准状态下，压力差为10Pa时的单位开启缝长空气渗透量 q_1 和单位面积空气渗透量 q_2 不应超过指标，应符合现行国家标准。

(6)隔声性能。应符合现行国家标准。临街的外窗、阳台门和住宅建筑外窗、阳台门不应低于30dB，其他门窗不应低于25dB。

(7)采光性能。外窗透光折减系数(T_r)应大于0.45。

(8)启闭力。门窗应在不超过50N的启、闭力作用下,能灵活开启和关闭。

(9)耐撞击性能(玻璃面积占门扇面积不超过50%的平开旋转类门)。30kg沙袋自170mm的高度落下,撞击锁闭状态的门扇把手1次,未出现明显变形,启闭无异常,使用无障碍,除钢化玻璃外,不允许有玻璃脱落现象。

3.3.3 主要机具设备

(1)机械设备。包括电锤、电钻、射钉枪、电焊机、经纬仪、切割机。

(2)主要工具。包括螺丝刀、手锤、扳手、钳子、水平尺、线坠、玻璃吸盘、盒尺、刮刀。

3.3.4 作业条件

(1)主体结构经有关质量部门验收合格。工种之间已办好交接手续。

(2)检查门窗洞口尺寸及标高是否符合设计要求。有预埋件的门窗洞口还应检查预埋件的数量、位置及埋设方法是否符合设计要求,如果不符合设计要求,则应及时处理。

(3)按图纸要求尺寸弹好门窗中线,并弹好室内+50cm水平线和垂直线,标出门窗框安装的基准线,作为安装时的标准。

(4)检查铝合金门窗,如有劈棱、窜角、翘曲不平、偏差超标、表面损伤、变形、松动、外观色差较大者,应与有关人员协商解决,经处理,验收合格后才能安装。

(5)铝合金表面应粘贴保护膜,安装前检查保护膜,如有破损,应补贴后再进行安装。

3.3.5 施工操作工艺

工艺流程:弹线定位→门窗洞口处理→防腐处理→铝合金门窗安装就位→铝合金门窗固定→门窗框间隙间的处理→门窗及门窗玻璃的安装→五金配件安装→清理及清洗。

(1)弹线定位。

1)根据设计图纸中门窗的安装位置、尺寸和标高,依据门窗中线向两边量出门窗边线。若为多层或高层建筑,以顶层门窗边线为准,用线坠或经纬仪将门窗边线下引,并在各层门窗口处划线标记,对个别不直的口边应剔凿处理。

2)门窗的水平位置应以楼层室内+50cm的水平线为准向上放,量出窗下皮标高,弹线找直。每一层必须保持窗下皮标高一致。

3)墙厚方向的安装位置应按设计要求和窗台板的宽度确定。原则上以同一房间窗台板外漏尺寸一致为准。

(2)门窗洞口处理。

1)门窗洞口尺寸偏位、不垂直、不方正的要进行剔凿或抹灰处理。

2)门窗洞口尺寸允许偏差见表3.3.5-1。

表 3.3.5-1 门窗洞口尺寸允许偏差

项目	允许偏差/mm
洞口高度、宽度	±5
洞口对角线长度	≤5
洞口侧边垂直度	1.5/1000 且不大于 2
洞口中心线与基准线偏差	≤5
洞口下平面标高	±5

(3)防腐处理。

1)门窗框四周外表面的防腐处理如果设计有要求,按设计要求处理。如果设计没有要求,可涂刷防腐涂料或粘贴塑料薄膜进行保护,以免水泥砂浆直接与铝合金门窗表面接触,产生电化学反应,腐蚀铝合金门窗。

2)安装铝合金门窗时,如果采用连接铁件固定,则连接铁件、固定件等安装用金属零件最好用不锈钢件,否则必须进行防腐处理,以免产生电化学反应,腐蚀铝合金门窗。

(4)铝合金门窗的安装就位。根据画好的门窗定位线,安装铝合金门窗框。当门窗框装入洞口时,其上、下框中线与洞口中线对齐,并及时调整好门窗框的水平、垂直及对角线长度等,使其符合质量标准,然后用木楔临时固定。

(5)铝合金门窗的固定。

1)铝合金门窗框与墙体一般采用固定片连接,固定片多以 1.5mm 厚的镀锌板裁制,长度根据现场需要进行加工。

2)当墙体上预埋有铁件时,可直接把铝合金门窗的铁脚直接与墙体上的预埋铁件焊牢,焊接处需做防腐处理。

3)当墙体上没有预埋铁件时,可用射钉枪或用金属膨胀螺栓或塑料膨胀螺栓将铝合金门窗的铁脚固定到混凝土墙上或砌入墙内的预制混凝土块体内。

4)当墙体上没有预埋铁件时,也可用电钻在墙上打 80mm 深、直径为 6mm 的孔,用 L 形 80mm×50mm 的 $\phi6$ 钢筋,在长的一端粘涂掺胶结剂的水泥浆,然后打入孔中。待掺胶结剂的水泥浆终凝后,再将铝合金门窗的铁脚与埋置的 $\phi6$ 钢筋焊牢。

5)铝合金窗框与墙体洞口的连接要牢固、可靠,固定点的间距应不大于 600mm,固定片距窗角距离不应大于 200mm。

(6)门窗框与墙体间缝隙的处理。

1)铝合金门窗安装固定后,应先进行隐蔽工程验收,合格后及时按设计要求处理门窗框与墙体之间的缝隙。

2)如果设计未要求,可采用弹性保温材料或玻璃棉毡条分层填塞缝隙,外表面留 5～8mm 深槽口填嵌嵌缝油膏和密封胶。严禁用水泥砂浆填镶。

(7)门窗扇及门窗玻璃的安装。

1)门窗扇和门窗玻璃应在洞口墙体表面装饰完工验收后安装。

2)推拉门窗在门窗框安装固定后,将配好玻璃的门窗扇面层安入框内滑道,调整好框与扇的缝隙即可。

3)平开门窗在框与扇格架组装上墙、安装固定好后再安玻璃,即先调整好框与扇的缝隙,再将玻璃安入扇并调整好位置,最后镶嵌密封条、填嵌密封胶。

4)地弹簧门应在门框及地弹簧主机入地安装固定后再安门扇。先将玻璃嵌入门扇格架并一起入框就位,调整好框扇缝隙,最后填嵌门扇玻璃的密封条及密封胶。

(8)安装五金配件。五金配件与门窗连接用镀锌或不锈钢螺钉。安装五金配件应结实牢固,使用灵活。

(9)清理及清洗。

1)在安装过程中铝合金门框表面应有保护塑料胶纸,并要及时清理门窗框、扇及玻璃上的水泥砂浆、灰水、打胶材料及喷涂材料等,以免对铝合金门窗造成污染及腐蚀。

2)铝合金门窗框表面胶纸撕去后,如果胶纸在表面留有胶痕,宜采用香蕉水或浓度为1%～5%的中性洗涤剂清洗干净。不应用酸性或碱性制剂清洗,也不能用钢刷刷洗。

3)玻璃应用清水擦拭干净,对浮灰或其他杂物,要全部清除干净。

3.3.6 质量标准

(1)主控项目。

1)铝合金门窗的物理性能应符合设计要求。检验方法:检查门窗性能检测报告或建筑门窗节能性能标识证书,必要时可对外窗进行现场淋水试验。

2)铝合金门窗所用铝合金型材的合金编号、供应状态、化学成分、力学性能、尺寸偏差、表面处理及外观质量应符合现行国家标准的规定。检验方法:观察、尺量、膜厚仪、硬度钳等,检查型材产品质量合格证书。

3)铝合金门窗扇必须安装牢固,并应开关灵活、关闭严密。推拉门窗扇必须有防脱落措施。检验方法:观察、开启和关闭检查、手扳检查。

4)铝合金门窗型材主要受力杆件材料壁厚应符合设计要求,其中门用型材主要受力部位基材截面最小实测壁厚不应小于2.0mm,窗用型材主要受力部位基材截面最小实测壁厚不应小于1.4mm。检验方法:观察、游标卡尺、千分尺检查,进场验收记录。

5)铝合金门窗框及金属附框与洞口的连接安装应牢固可靠,预埋件及锚固件的数量、位置与框的连接应符合设计要求。检验方法:观察,手扳检查,检查隐蔽工程验收记录。

6)铝合金门窗五金件的型号、规格、数量应符合设计要求,安装应牢固,位置应准确,功能满足使用要求。检验方法:观察,开启和关闭检查,手扳检查。

(2)一般项目。

1)铝合金门窗表面应洁净,无明显色差、划痕、擦伤及碰伤。检验方法:观察。

2)除附带关闭装置的门(地弹簧、闭门器)和提升推拉门、折叠推拉窗、无平衡装置的提拉窗外,铝合金门窗扇启闭力应小于50N。检验方法:用测力计检查。每个检验批应至少抽查5%,并不得少于3樘。

3)铝合金门窗框与墙体之间的缝隙应填嵌饱满,填塞材料和方法应符合设计要求,密封胶表面应光滑、顺直、无断裂。检验方法:观察,轻敲门窗框检查,检查隐蔽工程验收记录。

4)密封胶条和密封毛条装配应完好、平整、不得脱出槽口外,交角处平顺、可靠。检验方法:观察,开启和关闭检查。

5)铝合金门窗排水孔应通畅,其尺寸、位置和数量应符合设计要求。检验方法:观察,测量。

6)铝合金门窗安装的允许偏差和检验方法见表 3.3.6-1。

表 3.3.6-1 铝合金门窗安装的允许偏差和检验方法

序号	项目		允许偏差/mm	检验方法
1	门窗槽口宽度、高度	≤1500mm	1.5	用钢尺检查
		>1500mm	2	
2	门窗槽口对角线长度差	≤2000mm	3	用钢尺检查
		>2000mm	4	
3	门窗框的正、侧面垂直度		2.5	用垂直检测尺检查
4	门窗横框的水平度		2	用 1m 水平尺和塞尺检查
5	门窗横框标高		5	用钢尺检查
6	门窗竖向偏离中心		5	用钢尺检查
7	双层门窗内外框间距		4	用钢尺检查
8	推拉门窗扇与框搭接量		1.5	用钢直尺检查

3.3.7 成品保护

(1)铝合金门窗框安装完成后,其洞口不得作为物料运输及人员进出的通道,且铝合金门窗框严禁搭压、坠挂重物。对于易发生踩踏和刮碰的部位,应加设木板或围挡等有效的保护措施。

(2)在安装过程中,应采取措施,防止焊接作业时电焊火花损坏周围的铝合金门窗型材、玻璃等材料。

(3)铝合金门窗安装后,应清除铝型材表面和玻璃表面的残胶。

(4)所有外漏铝型材应进行贴膜保护,宜采用可降解的塑料薄膜。

(5)铝合金门窗工程竣工前,应去除所有成品保护,全面清洗外漏铝型材和玻璃。不得使用有腐蚀性的清洗剂,不得使用尖锐工具刨刮铝型材、玻璃表面。

3.3.8 安全措施

(1)进入现场必须戴安全帽,严禁穿拖鞋、高跟鞋、带钉易滑鞋或光脚进入现场。在洞口或有坠落危险处施工时,应系安全带。

(2)安装用的梯子应牢固可靠,不应缺档,梯子放置不应过陡,其与地面夹角以 60°～70°为宜。严禁两人同时站在一个梯子上作业。高凳上作业人要站在中间,不能站其端头,防止跌落。

(3)材料要堆放平稳。工具要随手放入工具袋内。上下传递东西时,不得抛掷。

(4)现场使用的电动工具应选用Ⅱ类手持式电动工具,且现场用电应符合现行行业标准规定。

(5)搬运或安装玻璃前应确认玻璃无裂纹或暗裂,搬运与安装时应戴手套,且玻璃应保持竖向。

(6)玻璃应竖向存放,玻璃面与地面倾斜夹角为70°～80°,顶部应靠在牢固物体上,并应垫有软质隔离物。底部应用方木或其他软质材料垫离地面100mm以上。

(7)使用有易燃性或挥发性清洗剂时,作业面内不得有明火。

(8)现场焊接作业时,应采取有效防火措施。

3.3.9 施工注意事项

(1)安装前应逐樘检查,核对其规格、型号、形式、表面颜色等,必须符合设计要求。

(2)安装工程中所用的铝合金门窗部件、型材、配件、材料等在运输、施工和保管过程中,应采取防止其损坏和变形的措施。

(3)安装的位置、开启方向及标高应符合设计要求。在安装前,对标高、预留窗洞口的基准线要进行复核,以确保安装位置的正确。

(4)铝合金门窗与墙体等主体结构连接固定的方法应按设计要求。框与墙体等的固定,一般采用不锈钢或经防腐处理的铁件连接,严禁用电焊直接与框焊接。框安装后,必须在抹灰或装饰工作前,对安装的牢固程度,预埋件的数量、位置、埋设连接方法和防腐处理等进行检查,并做好隐蔽记录。

(5)附件安装应待抹灰工作完成后进行,以避免污染、损坏。

(6)铝合金门窗的安装可以在墙体饰面装饰前进行,但是要注意铝合金型材表面的保护,除了靠墙面以外,一般都贴有保护性胶纸。窗扇的安装则要在其他工程完工之后进行,安装时要考虑窗贴脸、滴水坡板与窗框的连接,这些附件都应在室内、室外装饰面层施工前或同时做上。

(7)铝合金门窗安装后要平整、方正,在安装的过程中应使用吊线或角尺检测,尤其是在填塞门窗口缝之前,应重点检查门窗框的各向垂直度,待各口缝的塞灰具有一定的强度之后再拔去木楔和固定物。污染铝合金表面的灰浆与污物要及时擦去。

(8)采用多组组合铝合金门窗时注意拼装质量,拼头应平整,不劈棱,不窜角。

(9)门窗玻璃厚度与扇梃镶嵌槽及密封条的尺寸配合要符合国家标准及设计要求,安装密封条时要留有伸缩余地,以免密封条脱落。

(10)门窗表面胶污尘迹应用专门溶剂或用棉纱蘸干净水清洗掉,填嵌密封胶多余的痕迹要及时清理掉,不得划伤铝合金门窗表面,并确保完工的铝合金门窗表面整洁美观。

(11)铝合金门窗工程质量通病及防治措施主要有以下五个方面。

1)带形组合扇之间产生裂缝。横向及竖向带形窗、门之间组合杆件必须同相邻门窗套插、搭接,形成曲面组合,其搭接量应大于8mm,并用密封胶密封,防止门窗因受冷热和建筑物变化而产生裂缝。

2)砖砌墙体射钉固定门窗框铁脚。当门窗洞口为砖砌墙体时,应用钻孔或凿洞方法固定铁脚,射钉固定不牢靠。

3)渗水。一般是在铝合金窗的下槛部分渗水或外墙面推拉窗槽口内积水,从而导致渗水。遇到这种情况时,应采取两个方面的措施:第一,下框外框和轨道根应钻排水孔;横竖框相交丝缝注硅酮胶封严;第二,窗下框与洞口间隙的大小,应根据不同饰面材料留设。一般间隙不少于 50mm,使窗台能放流水坡,切忌密封胶掩埋框边,避免槽口积水无法外流。

4)施工时未留填密封胶的槽口。这种情况主要发生在外窗外门框的粉刷施工过程中。门窗套粉刷时,应在门窗框内外框边嵌条留 5~8mm 深的槽口,槽口内用密封胶嵌填密封,胶体表面应压平、光洁。

5)水泥砂浆嵌缝。在固定门窗外框时,往往会发生窗框周围用水泥砂浆嵌缝的错误。一般而言,门窗外框四周应为弹性连接,至少应填充 20mm 厚的保温软质材料,同时避免门窗框四周形成冷热交换区。另外,粉刷门窗套时,门窗内外框边应留槽口,用密封胶填平、压实。严禁水泥砂浆直接同门窗框接触,以防腐蚀。

3.3.10 质量记录

(1)门窗及配件的出厂合格证、检测报告、进场验收记录和复试报告。

(2)隐蔽工程验收记录。

(3)检验批及分项工程质量验收记录。

(4)施工记录。

3.4 塑料门窗安装施工工艺标准

塑料门窗由框和扇组成。塑料门扇采用 PVC 塑料加工而成。本工艺标准适用于建筑装饰装修工程塑料门窗安装施工。工程施工应以设计图纸和有关施工质量验收规范为依据。

3.4.1 材料要求

(1)塑料门窗质量应符合国家现行标准 JGJ 103—2008 的有关规定。门窗产品应有出厂合格证。

(2)塑料门窗应采用的型材应符合现行国家标准《门、窗未增塑聚氯乙烯(PVC-U)型材》(GB/T 8814—2017)的有关规定,其老化性能应达到 S 类的技术指标要求。

(3)塑料门窗采用的密封条、紧固件、五金配件等应符合国家现行标准的有关规定。

(4)门窗及所有材料进场时,均应按设计要求对其品种、规格、数量、外观和尺寸进行验收,材料包装应完好,并应有产品合格证、使用说明书及相关性能的检测报告。

(5)塑料门窗组合窗及连窗门的拼樘应采用与内腔紧密吻合的增强型钢为内衬,型钢两端比拼樘料长出 10~15mm。外窗的拼樘料截面积尺寸及型钢形状、壁厚,应能使组合窗承受本地区的瞬风压值。

(6)运到现场的塑料门窗应分型号、规格以不小于 70°的角度立放于整洁的仓库内,下部放置垫木。仓库内的环境温度应小于50℃;门窗与热源的距离不应小于1m,并不得与腐蚀物质接触。在环境温度为0℃的环境中存放时,安装前应在室温下放置24h。

(7)搬运门窗时应轻拿轻放,严禁抛摔,并保护好其护膜。

3.4.2 主要机具设备

(1)机械设备。包括电锤、电钻、射钉枪、经纬仪。

(2)主要工具。包括螺丝刀、手锤、扳手、钳子、水平尺、线坠。

3.4.3 作业条件

(1)主体结构已施工完毕,并经有关部门验收合格。或墙面已粉刷完毕,工种间已办好交接手续。

(2)当门窗采用预埋木砖与墙体连接时,墙体中应按设计要求埋置防腐木砖。对于加气混凝土墙,应预埋胶粘圆木。

(3)同一类型的门窗及其相邻的上、下、左、右洞口应保持通线,洞口应横平竖直;对于高级装饰工程及放置过梁的洞口,应做洞口样板。洞口宽度和高度尺寸的允许偏差见表3.4.3-1。

表3.4.3-1 洞口宽度或高度尺寸的允许偏差

墙体表面	允许偏差/mm		
	<2400	2400~4800	>4800
末粉刷墙面	±10	±15	±20
已粉刷墙面	±5	±10	±15

(4)按设计图要求的尺寸弹好门窗中线,并弹好室内+50cm水平线。

(5)组合窗的洞口,应在拼樘料的对应位置设预埋件或预留洞。

(6)门窗安装应在洞口尺寸按表3.3.5-1的要求检验合格,办好工种交接手续后,方可进行。门的安装应在地面工程施工前进行。

(7)门窗安装时的环境温度不宜低于5℃。

3.4.4 施工操作工艺

工艺流程:弹线定位→门窗洞口处理→安装固定片→门窗框安装就位→门窗框安装固定→门窗框间隙处理→门窗扇及门窗玻璃安装→五金配件安装→清理及清洗。

(1)弹线定位。

1)根据设计图纸中门窗的安装位置、尺寸和标高,依据门窗中线向两边量出门窗边线。若为多层或高层建筑,以顶层门窗边线为准,用线坠或经纬仪将门窗边线下引,并在各层门窗口处划线标记,对个别不直的口边应剔凿处理。

2)门窗的水平位置应以楼层室内+50cm的水平线为准向上放,量出窗下皮标高,弹线找直。每一层必须保持窗下皮标高一致。

3)墙厚方向的安装位置应按设计要求和窗台板的宽度确定。原则上以同一房间窗台板外漏尺寸一致为准。

(2)门窗洞口处理。

1)门窗洞口若尺寸偏位、不垂直、不方正,要进行剔凿或抹灰处理。

2)洞口尺寸的允许偏差见表3.4.4-1。

表3.4.4-1 洞口尺寸的允许偏差

项目	允许偏差/mm
洞口高度、宽度	±5
洞口对角线长度	≤5
洞口侧边垂直度	1.5/1000且不大于2
洞口中心线与基准线偏差	≤5
洞口下平面标高	±5

(3)安装固定片。

1)固定片采用厚度不小于1.5mm、宽度不小于15mm的镀锌钢板。安装时应先采用ϕ3.2的钻头钻孔,然后将十字盘头自攻螺钉M4×20mm拧入,严禁直接锤击钉入。

2)固定片的位置应距门窗角、中竖框、中横框150～200mm,固定片间距应不大于600mm。不得将固定片直接装在中横框、中竖框的档头上(见图3.4.4-1)。

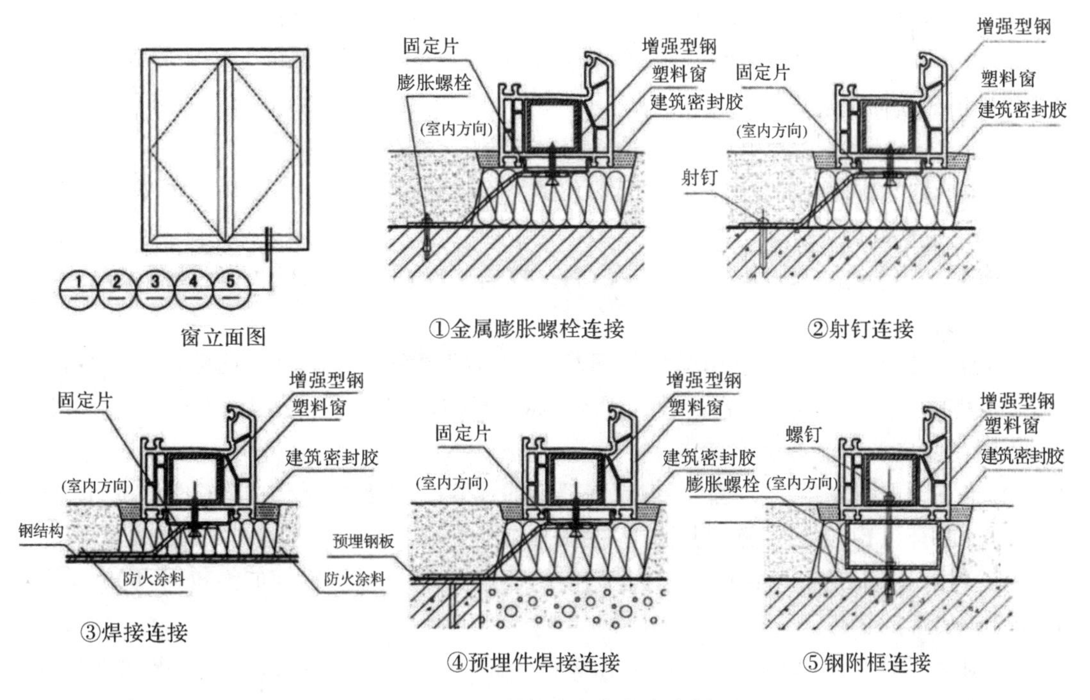

图3.4.4-1 塑料门窗细部节点大样图

(4)门窗框安装就位。

1)门窗框与墙体一般采用固定片连接,固定片多采用1.5mm厚的镀锌板裁制,长度根据现场需要进行加工。

2)当墙体上预埋有铁件时,可将铝合金门窗的铁脚直接与墙体上的预埋铁件焊牢,焊接处需做防腐处理。

3)当墙体上没有预埋铁件时,可用射钉枪或用金属膨胀螺栓/塑料膨胀螺栓将铝合金门窗的铁脚固定到混凝土墙上,或砌入墙内的预制混凝土块体内。

4)当墙体上没有预埋铁件时,也可用电钻在墙上打深80mm、直径6mm的孔,用L形80mm×50mm的$\phi 6$钢筋,在长的一端粘涂掺胶结剂的水泥浆,然后打入孔中。待掺胶结剂的水泥浆终凝后,再将铝合金门窗的铁脚与埋置的$\phi 6$钢筋焊牢。

5)窗框与墙体洞口的连接要牢固、可靠,固定点的间距应不大于600mm,固定片距窗角距离不大于200mm。

(5)门窗框安装固定。

1)窗框与墙体洞口连接应牢固、可靠,固定点的间距应不大于600mm,距窗角距离应不大于200mm。

2)门窗框与墙体固定应按对称顺序,将已安装好的固定片与洞口四周固定,先固定上下框,然后固定边框,固定方法符合下列要求。

①混凝土墙洞口采用射钉或膨胀螺钉固定。

②砖墙洞口或空心砖洞口应用膨胀螺钉固定,并不得固定在砖缝上。

③轻质砌块或加气混凝土洞口可在预埋混凝土块上用射钉或膨胀螺钉固定。

④设有预埋铁件的洞口应采取焊接的方法固定,也可先在预埋件上按紧固件规格打基孔,然后用紧固件固定。

⑤设有防腐木砖的墙面,采用木螺钉把固定片固定在防腐木砖上。

⑥窗下框与墙体的固定可将固定片直接伸入墙体预留孔内,并用砂浆填实。

(6)门窗框间隙处理。

1)门窗安装固定后,应先进行隐蔽工程验收,合格后及时按设计要求处理门窗框与墙体之间的缝隙。

2)如果设计未要求,可采用弹性保温材料或玻璃棉毡条分层填塞缝隙,外表面留5~8mm深槽口填嵌嵌缝油膏和密封胶。严禁用水泥砂浆填嵌。

(7)门窗扇及门窗玻璃的安装。

1)平开门窗扇安装。应先在厂内剔好框上的铰链槽,到现场再将门窗扇装入框中,调整扇与框的配合位置,并用铰链将其固定,然后复查开关是否灵活自如。

2)推拉门窗扇安装。由于推拉门窗扇与框不连接,因此对可拆卸的推拉扇,应先安装好玻璃后再安拆门窗扇。

3)对出厂时框、扇就连在一起的平开塑料门窗,则可直接将其安装,然后再检查开启是否灵活自如。

(8)五金件配件安装。

1)安装五金件配件时,应先在框扇杆件上用手电钻打出略小于螺钉直径的孔眼,然后用配套的自攻螺钉拧入,严禁用锤直接钉入。

2)塑料门窗的五金配件应安装牢固,位置端正,使用灵活。

(9)清理及清洗。

1)在安装过程中铝合金门框表面应有保护塑料胶纸,并要及时清理门窗框、扇及玻璃上的水泥砂浆、灰水、打胶材料及喷涂材料等,以免对铝合金门窗造成污染及腐蚀。

2)在粉刷等装修工程全部完成准备交工前,将保护胶纸撕去,并对门窗进行清洗。

3)在塑料门窗上一旦沾有污物时,要立即用软布擦拭干净,切忌用硬物刮除。

3.4.5 质量标准

(1)主控项目。

1)塑料门窗的品种、类型、规格、尺寸、开启方向、安装位置、连接方式及填嵌密封处理应符合设计要求,内衬增强型钢的壁厚及设置应符合国家现行产品标准的质量要求。检验方法:观察,尺量检查,检查产品合格证书、性能检测告、进场验收记录和复验报告,检查隐蔽工程验收记录。

2)塑料门窗框、副框和扇的安装必须牢固。固定片或膨胀螺栓的数量与位置应正确,连接方式应符合设计要求。固定点应距窗角、中横框、中竖框 150～200mm,固定点间距应不大于 600mm。检验方法:观察,手扳检查,检查隐蔽工程验收记录。

3)塑料门窗拼樘料内衬增强型钢的规格、壁厚必须符合设计要求,型钢应与型材内腔紧密吻合,其两端必须与洞口固定牢固。窗框必须与拼樘料连接紧密,固定点间距应不大于 600mm。检验方法:观察,手扳检查,尺量检查,检查进场验收记录。

4)塑料门窗扇应开关灵活,关闭严密,无倒翘。推拉门窗扇必须有防脱落措施检验方法:观察,开启和关闭检查,手扳检查。

5)塑料门窗配件的型号、规格、数量应符合设计要求,安装应牢固,位置应正确,功能应满足使用要求。检验方法:观察,手扳检查,尺量检查。

6)塑料门窗框与墙体间缝隙应采用闭孔弹性材料填嵌饱满,表面应采用密封胶密封。密封胶应粘结牢固,表面应光滑、顺直、无裂纹。检验方法:观察,检查隐蔽工程验收记录。

(2)一般项目。

1)塑料门窗表面应洁净、平整、光滑,大面应无划痕、碰伤。检验方法:观察。

2)塑料门窗扇的密封条不得脱槽。旋转窗间隙应基本均匀。

3)塑料门窗扇平铰链的开关力应符合下列规定:

①平开门窗扇平铰链的开关力应不大于 80N;滑撑铰链的开关力应不大于 80N,并不小于 30N。

②推拉门窗扇的开关力应不大于 100N。检验方法:观察,用弹簧秤检查。

4)玻璃封条与玻璃及玻璃槽口的接缝应平整,不得卷边、脱槽。检验方法:观察。

5)排水孔应畅通,位置和数量应符合设计要求。检验方法:观察。

6)塑料门窗安装的允许偏差和检验方法见表 3.4.5-1。

表 3.4.5-1　塑料门窗安装的允许偏差和检验方法

序号	项目		允许偏差/mm	检验方法
1	门窗槽口宽度、高度	≤1500mm	2	用钢尺检查
		>1500mm	3	
2	门窗槽口对角线长度差	≤2000mm	3	用钢尺检查
		>2000mm	5	
3	门窗框的正、侧面垂直度		3	用 1m 垂直检测尺检查
4	门窗横框的水平度		3	用 1m 水平尺和塞尺检查
5	门窗横框标高		5	用钢尺检查
6	门窗竖向偏离中心		5	用钢直尺检查
7	双层门窗内外框间距		4	用钢尺检查
8	同樘平开门窗相邻扇高度差		2	用钢直尺检查
9	平开门窗铰链部位配合间隙		+2,-1	用塞尺检查
10	推拉门窗扇与框搭接量		+1.5,-2.5	用钢直尺检查
11	推拉门窗扇与竖框平行度		2	用 1m 水平尺和塞尺检查

3.4.6　成品保护

(1)门窗在安装过程中及工程验收前,应采取防护措施,不得污损。门窗下框宜加盖防护板。边框宜使用胶带密封保护,不得损坏保护膜。

(2)已安装门窗框、扇的洞口,不得再做运料通道。

(3)严禁在门窗框、扇上支脚手架、悬挂重物;外脚手架不得压在门窗框、扇上,并严禁蹬踩门窗框、扇或窗撑。

(4)应防止利器划伤门窗表面,并应防止电、气焊火花烧伤面层。

(5)立体交叉作业时,门窗严禁碰撞。

(6)安装窗台板或进行装修时严禁撞、挤门窗。

3.4.7　安全措施

(1)材料应堆放整齐、平稳,并应注意防火。

(2)安装门窗、玻璃或擦玻璃时,严禁用手攀窗框、窗扇和窗撑;操作时,应系好安全带,严禁把安全带挂在窗撑上。

(3)应经常检查电动工具有无漏电现象,当使用射钉枪时应采取安全保护措施。电动工具应安装触电保安器。

(4)劳动保护、防火防毒等施工安全技术,按国家现行标准《建筑施工高处作业安全技术规范》(JGJ 80—2016)执行。

(5)施工过程中,楼下应设置警示区域,并应设专门人看守,不得让行人进入。

(6)施工中使用电、气焊等设备时,应做好木质品等易燃物的防火措施。

(7)施工中使用的角磨机设备应设防护罩。

3.4.8 施工注意事项

(1)塑料门窗安装时,必须按施工操作工艺进行。施工前一定要画线定位,使塑料门窗上下顺直,左右标高一致。

(2)安装时要使塑料门窗垂直方正,对有劈棱和窜角的门窗扇必须及时调整。

(3)门窗框扇上若粘有水泥砂浆,应在其硬化前用湿布擦干净,不得用硬质材料铲刮窗框扇表面。

(4)因塑料门窗材质较脆,所以安装时严禁直接锤击钉钉,必须先钻孔,再用自攻螺钉拧入。

(5)质量通病的防治。

1)连结螺丝直接锤入门窗框内。门窗为中空多腔型材,应用手电钻先引孔,然后旋进全丝自攻螺丝。严禁锤击钉入。

2)表面沾污。

①安装前先做内外粉刷。

②粉窗台板和窗套时,应在门窗框粘纸条保护。

③刷浆时,用塑料薄膜遮盖门窗或取下门窗扇,编号单独保管。

3)五金配件损坏:门窗配件安装后,应专人锁门管理,以防损坏。

4)运输、存放损坏。

①每 5 樘门窗,用软质材料捆扎在一起,运输中轻抬轻放,不得碰撞。

②库房地面上用方枕木垫平,门窗应竖直靠放。

③远离热源存放。

5)门窗框松动。

①先在门窗外框上按设计规定位置钻孔,用全丝自攻螺丝把镀锌连接件紧固。

②用电锤在门窗洞口的墙体上打孔,装入尼龙胀管,门窗安装后用木螺丝将镀锌连接件固定在胀管内。

③单砖或轻质墙砌筑时,应砌入混凝土砖(砌块),使镀锌连接件与混凝土砖(砌块)能连接牢固。

6)门窗周框间隙未填软质料。

①门窗框与墙体应为弹性连接,其间隙应填入泡沫塑料或矿棉等软质材料。

②含沥青的材料不得填入,以免 PVC 受影响。

7)门窗框安装后变形。

①门窗框与洞口间隙填塞软质料时,不应填得过紧,以免门窗框受挤变形。

②不得在门窗上铺搭脚手板,搁支脚手杆或悬挂物件。

8)门窗框四周内外框边,应用密封胶嵌填严密、均匀。

3.4.9 质量记录

(1)门窗产品出厂合格证和性能试验报告。

(2)五金配件的合格证。

(3)保温嵌缝材料的材质证明及出厂合格证。

(4)密封胶的出厂合格证及使用说明。

(5)质量检验评定记录。

3.5 全玻门安装施工工艺标准

全玻门是指用厚度12mm以上的玻璃直接作为门扇的无门扇框的全玻璃装饰门。一般由活动扇和固定玻璃两部分组合而成。其门框部分常用不锈钢、铜和铝合金板饰面。本工艺标准适用于建筑装饰装修工程全玻门安装施工。工程施工应以设计图纸和有关施工质量验收规范为依据。

3.5.1 材料要求

(1)玻璃门的型号、规格应符合设计要求,五金配件配套齐全,并具有出厂合格证。

(2)固定玻璃板必须和玻璃门厚度相同,且必须符合设计要求,有出厂合格证。

(3)无框玻璃门在门扇上、下边设金属门夹,用镜面不锈钢或铝合金板材。

3.5.2 主要机具设备

(1)机具设备。包括电钻、手提砂轮机、水准仪等。

(2)主要工具。包括玻璃刀、密封胶注射枪、玻璃吸盘器、细砂轮、钳子、直尺、螺丝刀、吊线坠、水平尺、铅笔等。

3.5.3 作业条件

(1)墙、地面的饰面已施工完毕,现场已清理干净,并经验收合格。

(2)门框的不锈钢或其他饰面已经完成。门框顶部用来安装固定玻璃板的限位槽已预留好。

(3)把安装固定厚玻璃的木底托用钉子或万能胶固定在地面上,接着在木底托上方中线一侧钉上用来固定玻璃板的木条,然后用万能胶将该侧不锈钢或其他饰面粘在木底托上。铝合金方管可用木螺丝固定在埋入地面下的防腐木砖上。

(4)把开闭活动门扇用的地弹簧和定位销按设计要求安装在地面预留位置和门框的横梁上,两者应在同一轴线上,安装时应吊垂线检查,做到准确无误。

(5)墙面上+500mm水平标高线已弹好。

3.5.4 施工操作工艺

(1)固定部分安装(见图3.5.4-1)。

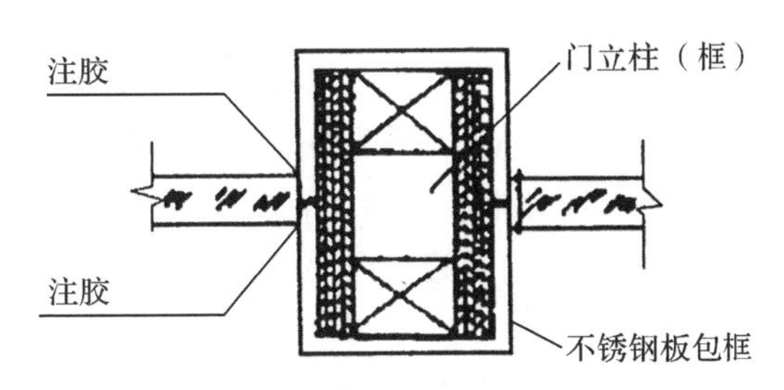

图3.5.4-1 玻璃门框柱与玻璃板安装的构造关系

工艺流程:定位放线→安装底端框槽→安装顶部水平框槽→安装门框→安装玻璃

1)定位放线。根据设计要求位置,放出固定玻璃及玻璃门扇的定位线,确定门框位置,并根据500mm水平线标测出门框顶部标高。用线坠吊直,在结构顶板标出固定玻璃的上框位置及标高。

2)安装固定玻璃底端框槽。用膨胀螺栓将横向底框槽固定在地面上,如果是木制或钢框,两侧均包不锈钢面板。槽框的宽度及深度应符合设计要求。

3)安装固定玻璃顶部水平框槽。根据顶部放线位置,安装固定玻璃顶部框槽,用膨胀螺栓固定,外覆面贴不锈钢面层。槽框的宽度及深度应符合设计要求。

4)安装门框。根据设计要求和材料品种、规格、尺寸,安装固定玻璃门扇上顶端横门框及两侧竖门框,外包金属饰面条。

5)安装固定玻璃。

①用玻璃吸盘将玻璃吸紧抬到安装部位,玻璃上部插入顶部框槽内,下部插到底部框槽支撑垫上,吊直后将上部定位垫好粘贴住。

②玻璃固定后采用压条将玻璃四周封闭,并用嵌缝胶条嵌实、嵌牢。

③玻璃条板之间对缝接缝宽度应符合设计要求,玻璃固定好后,缝内塞聚氯乙烯棒再注入嵌缝胶,用塑料片在玻璃板对接的两面将胶刮平,之后用清洁布擦净。

(2)活动玻璃门扇安装。

工艺流程:划线→确定门窗高度→固定门窗上下横档→门窗固定→安装拉手

全玻璃活动门扇的结构没有门扇框,门扇的启闭由地弹簧实现,地弹簧与门扇的上下金属横档进行铰接。

1)画线。在玻璃门扇的上下金属横档内画线,按线固定转运销的销孔板和地弹簧的转动轴连接板。具体操作可参照地弹簧产品安装说明。

2)确定门扇高度。玻璃门扇的高度尺寸,在裁割玻璃板时应注意包括插入上下横档的安装部分。一般情况下,玻璃高度尺寸应小于测量尺寸5mm左右,以便于安装时进行定位调节。把上下横档(多采用镜面不锈钢成型材料)分别装在厚玻璃门扇上下两端,并进行门扇高度的测量。如果门扇高度不足,即其上下边距门横框及地面的缝隙超过规定值,可在上下横档内加垫胶合板条进行调节。如果门扇高度超过安装尺寸,只能由专业玻璃工将门扇多余部分裁去。

3)固定上下横档。门扇高度确定后,即可固定上下横档,在玻璃板与金属横档内的两侧空隙处,由两边同时插入小木条,轻敲稳实,然后在小木条、门扇玻璃及横档之间形成的缝隙中注入玻璃胶。

4)门扇固定。进行门扇定位安装。先将门框横梁上的定位销本身的调节螺钉调出横梁平面1～2mm,再将玻璃门扇竖起来,把门扇下横档内的转动销连接件的孔位对准地弹簧的转动销轴,并转动门扇将孔位套入销轴上。然后把门扇转动90°使之与门框横梁成直角,把门扇上横档中的转动连接件的孔对准门框横梁上的定位销,将定位销插入孔内15mm左右(调动定位销上的调节螺钉)。

5)安装拉手。全玻璃门扇上的拉手孔洞,一般是事先订购时就加工好的,拉手连接部分插入孔洞时不能很紧,应有松动。安装前在拉手插入玻璃的部分涂少许玻璃胶;如若插入过松,可在插入部分裹上软质胶带。拉手组装时,其根部与玻璃贴紧后再拧紧固定螺钉。

3.5.5 质量标准

(1)主控项目。

1)全玻门(含防火门,以下同)的质量和各项性能应符合设计要求。检验方法:检查生产许可证、产品合格证书和性能检测报告。

2)全玻门的品种、类型、规格、尺寸、开启方向、安装位置及防腐处理应符合设计要求。检验方法:观察,尺量检查,检查进场验收记录和隐蔽工程验收记录。

3)全玻门的安装必须牢固。预埋件的数量、位置、埋设方式、与框的连接方式必须符合设计要求。检验方法:观察,手扳检查,检查隐蔽工程验收记录。

4)全玻门的配件应齐全,位置应正确,安装应牢固,功能应满足使用要求和全玻门的各项性能要求。检验方法:观察,手扳检查,检查产品合格证书、性能检测报告和进场验收记录。

(2)一般项目。

1)全玻门的表面装饰应符合设计要求。检验方法:观察

2)全玻门的表面应洁净,无划痕、碰伤。检验方法:观察。

3.5.6 成品保护

(1)玻璃门安装时,应轻拿轻放,严禁相互碰撞。避免扳手、钳子等工具碰坏玻璃门。

(2)安装好的玻璃门应避免硬物碰撞,避免硬物擦划,保持清洁不污染。

(3)玻璃门的材料进场后,应在室内竖直靠墙排放,并靠放稳当。

(4)在安装好的玻璃门或其拉手上,严禁悬挂重物。

3.5.7 安全措施

(1)进入现场必须戴安全帽。严禁穿拖鞋、高跟鞋、带钉易滑鞋或光脚进入现场。

(2)安装玻璃门用的梯子应牢固可靠,不应缺档,梯子放置不应过陡,其与地面夹角以

60°～70°为宜。严禁两人同时站在一个梯子上作业。在高凳上作业人要站在中间，不能站在端头，防止跌落。

(3)材料要堆放平稳，工具要随手放入工具袋内。上下传递工具物件时，严禁抛掷。

(4)现场使用的电动工具应选用Ⅱ类手持式电动工具，且现场用电应符合现行行业标准规定。

(5)搬运及裁切玻璃、安装玻璃门时，应注意防止割破手指或身体其他部位。

3.5.8 施工注意事项

(1)门框横梁上的固定玻璃的限位槽应宽窄一致，纵向顺直。一般框槽宽度、玻璃嵌入深度、边缘余隙应符合设计要求，以便安装玻璃板时顺利插入，在玻璃两边注入密封胶，把固定玻璃安装牢固。

(2)在木底托上钉固定玻璃板的木板条时，应在距玻璃 4mm 的地方，以便饰面板能包住木板条的内侧，便于注入密封胶，确保外观大方，内在牢固。

(3)活动门扇没有门扇框，门扇的开闭是由地弹簧和门框上的定位销实现的，地弹簧和定位销是与门扇的上下横档铰接的。因此地弹簧与定位销和门扇横档一定要铰接好，并确保地弹簧转轴与定位销中心在同一条垂线上，以便玻璃门扇开关自如。

(4)玻璃门倒角时，四个角要特别小心，用手握砂轮块，慢慢磨角，避免崩边崩角。

(5)由于玻璃较厚，玻璃块重量较大，因此固定玻璃板或玻璃门抬起安装时，必须 2～3 人同时进行，以免摔坏或碰坏。

3.5.9 质量记录

(1)全玻门的生产许可证、产品合格证、性能检验报告。

(2)产品进场验收记录。

(3)检验批和分项工程质量检验记录。

(4)施工记录。

(5)隐蔽工程验收记录。

3.6 防火门安装施工工艺标准

防火门按材质分，目前有木质防火门、钢质防火门、钢木质防火门、其他材质防火门。本工艺标准适用于建筑装饰装修工程防火门安装施工。工程施工应以设计图纸和有关施工质量验收规范为依据。

3.6.1 材料要求

(1)防火门的等级规格、型号应符合设计要求，经消防部门鉴定和批准的，五金配件配套齐全，并具有生产许可证、产品合格证和性能检测报告。

(2)防腐材料、填缝材料、密封材料、水泥、砂、连接板等应符合设计要求和有关标准的规定。

(3)进场前应先对防火门进行验收,不合格的不准进场。运到现场的防火门应分类堆放,不能参差挤压,以免变形。堆放场地应干燥,并有防雨、排水措施。搬运时轻拿轻放,严禁扔摔。

3.6.2 主要机具设备

主要机具设备包括电钻、电焊机、水准仪、电锤、活扳手、钳子、水平尺、线坠等。

3.6.3 作业条件

(1)主体结构经有关质量部门验收合格。工种之间已办好交接手续。

(2)检查门窗洞口尺寸及标高、开启方向是否符合设计要求。有预埋件的门窗口还应检查预埋件的数量、位置及埋设方法是否符合设计要求。

3.6.4 施工操作工艺

工艺流程:画线→立门框→安装门扇附件。

(1)画线。按设计要求尺寸、标高和方向,画出门框框口位置线。

(2)立门框。先拆掉门框下部的固定板,凡框内高度比门扇的高度大于 30mm 者,洞口两侧地面须留凹槽。门框一般埋入±0.00 标高以下 20mm,须保证框口上下尺寸相同,允许误差小于 1.5mm,对角线允许误差小于 2mm。

将门框用木楔临时固定在洞口内,经校正合格后,固定木楔,门框铁脚与预埋铁板焊牢。然后在框两上角墙上开洞,向框内灌注 M10 水泥素浆,待其凝固后方可装配门扇,冬季施工应注意防寒,水泥素浆浇注后的养护期为 21d(见图 3.6.4-1 和图 3.6.4-2)。

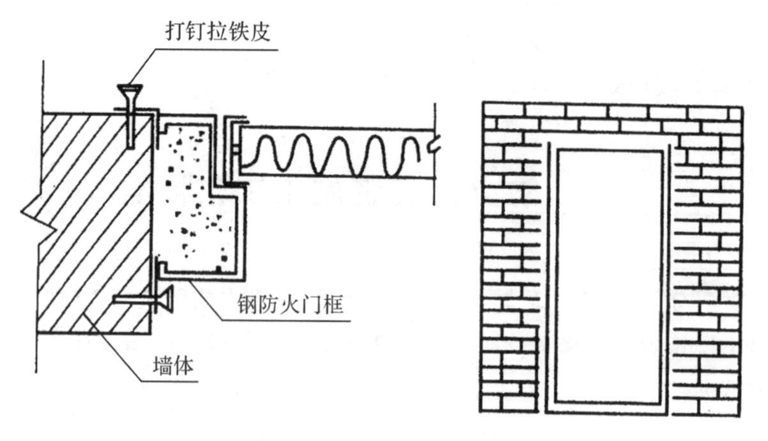

图 3.6.4-1 钢、木质防火门结构

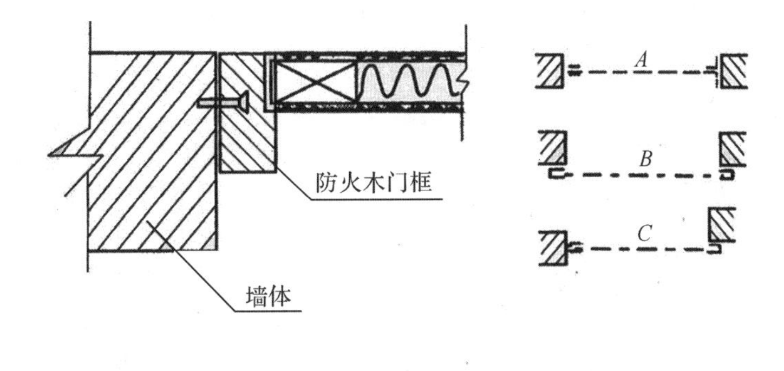

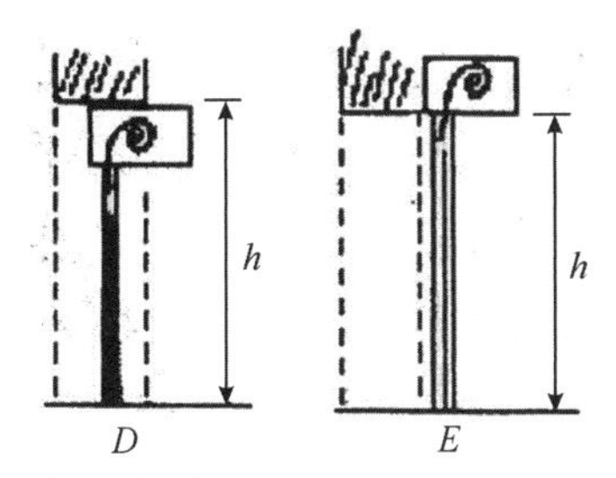

图 3.6.4-2 高度安装方式

(4)安装门扇附件。门框周边缝隙,用 1∶2 的水泥砂浆或强度不低于 10MPa 的细石混凝土嵌缝牢固,应保证与墙体结成整体,经养护凝固后,再粉刷洞口及墙体。粉刷完毕后,安装门扇、五金配件及有关防火、防盗装置。门扇关闭后,门缝应均匀平整,开启自由轻便,不得有过紧、过松和反弹现象。

3.6.5 质量标准

(1)主控项目。

1)特种门的质量和各项性能应符合设计要求。防火门的质量要求、试验方法、检验规则应符合《防火门》(GB 12955—2008)的相关要求。

2)特种门的品种、类型、规格、尺寸、开启方向、安装位置及防腐处理应符合设计要求。

3)特种门的安装必须牢固。预埋件的数量、位置、埋设方式、与框的连接方式必须符合设计要求。

4)特种门的配件应齐全,位置应正确,安装应牢固,功能应满足使用要求和特种门的各项性能要求。

(2)一般项目。

1)特种门的表面装饰应符合设计要求。

2)特种门的表面应洁净,无划痕、碰伤。

3.6.6 成品保护

(1)防火门装入洞口临时固定后,应检查四周边框和中间框架是否用规定的保护胶纸和塑料薄膜封贴包扎好,再进行门框与墙体之间缝隙的填嵌和洞口墙体表面装饰施工,以防止水泥砂浆、灰水、喷涂材料等污染损坏防火门表面。在室内外湿作业未完成前,不能破坏门表面的保护材料。

(2)应采取措施,防止焊接作业时电焊火花损坏周围材料。

3.6.7 施工注意事项

(1)防火门在运输时,捆拴必须牢固;装卸时须轻抬轻放,避免磕碰现象。

(2)防火门码放前,要将存放处清理平整,垫好支撑物。如果门有编号,要根据编号码放;码放时面板叠放高度不得超过 1.2m;门框重叠平放高度不得超过 1.5m;要有防晒、防风、防雨措施。

(3)防火门的门框安装时,应保证其与墙体连结成一体。

(4)在安装时,门框一般埋入±0.00 面以下 20mm,需保证框口上下尺寸相同,允许误差小于 1.5mm,对角线允许误差小于 2mm,再将框与预埋件焊牢。然后在框两上角墙上开洞,向框内灌注 M10 水泥素浆,待其凝固后方可装配门扇。

(5)安装后的防火门,要求门框与门扇配合部位内侧宽度尺寸偏差不大于 2mm,高度尺寸偏差不大于 2mm,两对角线长度之差小于 3mm。门扇关闭后,其配合间隙须小于 3mm。门扇与门框表面要平整,无明显凹凸现象,焊点牢固,门体表面喷漆无喷花、斑点等。门扇启闭自如,无阻滞、反弹等现象。

(6)为保证消防安全,应采用防火门锁,该类门锁在高温下仍可照常开启。

3.6.8 质量记录

(1)防火门生产许可证、产品合格证书和性能检测报告。

(2)进场验收记录

(3)隐蔽工程验收记录。

(4)施工记录。

3.7 自动门安装施工工艺标准

自动门一般分为微波自动门、踏板式自动门、光电感应自动门。本工艺标准适用于建筑装饰装修工程微波中分式感应门的安装。工程施工应以设计图纸和有关施工质量验收规范为依据。

3.7.1 材料要求

(1)门体结构。自动门门体分类见表 3.7.1-1。

表 3.7.1-1　ZM-E2 型自动门门体分类

门体材料	表面处理(颜色)
铝合金	银白色、古铜色(茶色)
无框全玻璃门	白色全玻璃、茶色全玻璃
异型薄壁钢管	镀锌、油漆

自动门标准立面设计主要分为两扇形、四扇形、六扇形等(见图 3.7.1-1)。

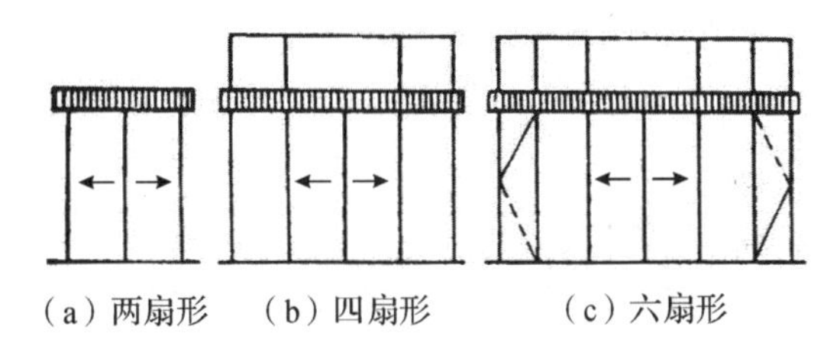

图 3.7.1-1　自动门标准立面示意

(2)机箱结构。在自动门扇的上部设有通长的机箱层,用以安置自动门的机电装置。图 3.7.1-2 为上海红光建筑五金厂生产的 ZM-E2 型自动门机箱结构剖面图。

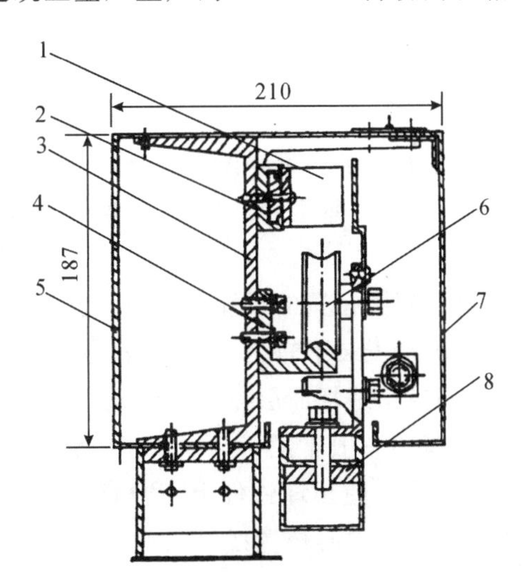

1—限位接近开关;2—接近开关滑槽;3—机箱横梁 18 号槽钢;4—自动门扇上轨道;
5—机箱前罩板(可开);6—自动门扇上滑轮;7—机箱后罩板;8—自动门扇上横条

图 3.7.1-2　2M-E2 型自动门机箱剖面(单位:mm)

(3)控制电路结构。

1)控制电路是自动门的指挥系统。ZM-E2 型自动门控制电路由两部分组成。其一是感应开门目标信号的微波传感。其二是进行信号处理的二次电路控制。微波传感器采用 X 波段微波信号的“多普勒”效益原理,对感应范围内的活动目标所反映的作用信号进行放大检测,从而自动输出开门或关门控制信号。一档自动门出入控制一般需要用二只感应探头、一台电源器配套使用。

2)二次电路控制箱是将微波传感器的开、关门信号转化成控制电动机正、逆旋转的信号处理装置。它由逻辑电路、触发电路、可控硅主电路、自动报警停机电路及稳压电路等组成。主要电路采用先进的集成电路技术,使整机具有较高稳定性和可靠性。微波传感器和控制箱均使用标准插件连接,因而同机种具有互换性和通用性。微波传感器及控制箱在自动门出厂前均已安装在机箱内。

3.7.2 主要机具设备

主要机具设备包括切割机、电焊机、手电钻、冲击电钻、专用夹具、刮刀、水准仪。

3.7.3 作业条件

(1)门框附近粗装修完,细装修之前。

(2)洞口尺寸、标高、预埋件位置、数量、规格符合设计要求和实际施工的需要。

(3)电气预埋管或预留槽完全通达机箱位置。

(4)自动门下地坪处已预埋 75mm×75mm 通长木枋。

(5)施工机具全部就位且调试至最佳工作状态。

(6)进行了现场技术交底和安全交底。

3.7.4 施工操作工艺

工艺流程:抄平画线→地面导轨安装→钢横梁安装→机箱安装→门扇安装→调试。

(1)抄平画线。水准仪抄平,线坠吊垂直,先弹出地导轨滑槽控制边线,再弹出横梁安装中心线和标高控制线。

(2)地面导轨安装。撬出欲装轨道位置的预埋木枋条,按事先弹好的轨道滑槽控制墨线进行剔凿修整,满足安装要求后埋设安装下轨道,注意下轨道总长度应为开启门宽度的 2 倍+100mm。并注意下轨道顶标高应与地坪面层标高一致或略低 3mm 以内。

(3)钢横梁安装。自动门钢横梁一般常用[16~[22 规格的槽钢加工制作,两端焊接固定在门洞两侧的钢筋混凝土门柱或墙的预埋铁件上,预埋件厚度常选 $\delta=8\sim10$mm。安装时按事先弹好的标高控制线和钢横梁中心位置线进行对位,并特别注意用水平尺复核水平度后进行对称施焊。

(4)机箱安装。自动门传动控制机箱及自控探测装置都固定安装在钢横梁上,其固定连接方式有钢横梁打孔穿螺栓固定方式和钢横梁上焊接连接板再连接固定的方式。应注意钢横梁上钻孔或焊接连接板应在钢横梁安装前完成。

(5)门扇安装。先检查轨道是否顺直、平滑,不顺滑处用磨光机打磨平滑后安装滑动门扇。尽头应装弹性限位材料。要求门扇滑动平稳、顺畅。

(6)调试。接通电源,调整微波传感器的探测角度和反应灵敏度,使其达到最佳工作状态。

3.7.5　质量标准

(1)主控项目。

1)自动门的质量和各项性能应符合设计要求。检验方法:检查生产许可证、产品合格证书和性能检测报告。

2)自动门的品种、类型、规格、尺寸、开启方向、安装位置及防腐处理应符合设计要求。检验方法:观察,尺量检查,检查进场验收记录和隐蔽工程验收记录。

3)自动门的安装必须牢固。预埋件的数量、位置、埋设方式、框连接方式必须符合设计要求。检验方法:观察,手扳检查,检查隐蔽工程验收记录。

4)自动门的配件应齐全,位置应正确,安装应牢固,功能应满足使用要求和自动门的各项性能要求。检验方法:观察,手扳检查,检查产品合格证书、性能检测报告和进场验收记录。

5)带有机械装置、自动装置或智能化装置的自动门,其机械装置、自动化装置或智能化装置的功能应符合设计要求和有关标准的规定。检验方法:启动机械装置、自动装置或智能化装置,观察。

(2)一般项目。

1)自动门的表面装饰应符合设计要求。检验方法:观察。

2)自动门的表面应洁净,无划痕、碰伤。检验方法:观察。

3)推拉自动门安装的留缝限值、允许偏差和检验方法见表3.7.5-1。

表3.7.5-1　推拉自动门安装的留缝限值、允许偏差和检验方法

序号	项目		留缝限值/mm	允许偏差/mm	检验方法
1	门槽口宽度、高度	≤1500mm	—	1.5	用钢尺检查
		>1500mm	—	2.0	
2	门槽口对角线长度差	≤2000mm	—	2.0	用钢尺检查
		>2000mm	—	2.5	
3	门框的正、侧面垂直度		—	1.0	用1m垂直检测尺检查
4	门构件装配间隙		—	0.3	用塞尺检查
5	门梁导轨水平度		—	1.0	用1m水平尺和塞尺检查
6	下导轨与门梁导轨平行度		—	1.5	用钢尺检查
7	门扇与侧框间留缝		1.2～1.8	—	用塞尺检查
8	门扇对口缝		1.2～1.8	—	用塞尺检查

3.7.6 成品保护

(1)安装完毕的门洞口不能再做施工运料通道。必须使用时,应采取防护措施。

(2)应采取措施,防止焊接作业时电焊火花损坏周围的玻璃等材料。

3.7.7 施工注意事项

(1)电子感应自动门科技含量较高,其机械装置、自动化装置或智能化装置可靠性优劣相差悬殊,价格也就相差甚远,为了保证正常使用,少故障,耐用而安全,应尽可能选用知名企业的品牌产品。

(2)门扇地面滑行轨道(下轨道),必须经常清理垃圾杂物。槽内不得留有异物,以免影响自动门扇的滑行。结冰天气要防止水流进下轨道内,以免结冰后卡阻活动门扇。

(3)对于装有导向性下轨道的自动门宜在地坪施工时抄平画线,在自动门下轨道位置准确地预埋木枋,并注意木枋长度大于开启门宽的 2 倍,不宜采用后剔槽的方式,以保证槽口质量及下轨与地坪交接处美观。

(4)自动门上部钢横梁安装是安装过程中的重要环节,装有机械装置和电控装置的机箱固定在其上,故要求钢梁及钢梁与洞侧连接有一定的强度、刚度和稳定性。如前期施工图中设计深度不足,主体结构施工中必须与设计人员联系落实。钢横梁两端连接预埋件应可靠地锚固在钢筋砼构件中。

(5)微波传感器及控制箱等一旦调试正常,就不能任意变动各种旋钮位置,以免失去最佳工作状态,达不到应有的技术性能。

(6)铝合金门框、门扇、装饰板等,是经过表面化学防腐蚀氧化处理的,产品运往施工现场后,应妥善保管,并注意门体不得与石灰、水泥及其他酸、碱性化学物品接触,以免损伤表面美观。

(7)对使用频繁的自动门,要定期检查传动部分装配紧固零件是否松动、缺损。对机械活动部位应定期加油,以保证门扇运行润滑、平稳。

3.7.8 质量记录

(1)生产许可证、产品合格证书、性能检测报告。

(2)进场验收记录和复验报告。

(3)隐蔽工程验收记录。

(4)技术交底记录及施工记录。

(5)检验批质量验收记录。

(6)分项工程质量验收记录。

3.8　卷帘门安装施工工艺标准

卷帘门按用途分为普通卷帘门、防风卷帘门、防火卷帘门、快速卷帘门。本工艺标准适用于建筑装饰装修工程卷帘门安装施工。工程施工应以设计图纸和有关施工质量验收规范为依据。

3.8.1　材料要求

(1)符合设计要求的卷帘门产品,由帘板、卷筒体、导轨、电动机传动部分组成。

(2)卷帘门按其驱动方式的不同可分为手动启闭卷帘门和电动启闭卷帘门两类。

(3)按其安装方式不同又可分为内口卷帘门和口外卷帘门两种。

(4)按其导轨的规格不同,又可分为 8 型、14 型、16 型卷帘门等类型。

(5)不论何种卷帘门均由工厂制作成成品,运到现场安装。

3.8.2　主要机具设备

主要机具设备包括 ZIC-22 电锤、电钻、BX-200 电焊机、砂轮切割机、1m 水平尺、线坠、锤子墨线盒、螺丝刀、2m 直尺、5m 钢卷尺。

3.8.3　作业条件

(1)必须检查产品的基本尺寸与门窗口的尺寸是否相符,导轨、支架的数量是否正确。

(2)结构表面的找平层必须完成,达到强度、平整度符合要求。

(3)门口预埋件、支架埋件位置正确。

3.8.4　施工操作工艺

工艺流程:洞口处理→弹线→固定卷筒传动装置→空载试车→装帘板→安装导轨→试车→清理。

(1)洞口处理。复核洞口与产品尺寸是否相符。防火卷帘门的洞口尺寸,可根据 $3M_0$ 模制选定。一般洞口宽度不宜大于 5m,洞口高度也不宜大于 5m。各部件尺寸应根据生产厂家提供的安装图施工。

(2)预埋件安装。防火卷帘门洞口预埋件安装见图 3.8.4-1。

(3)弹线。测量洞口标高,弹出两侧导轨的垂线及卷筒中心线。

(4)固定卷筒、传动装置。将垫板电焊在预埋铁上,用螺丝固定卷筒的左右支架,安装卷筒。卷筒安装后应转动灵活。安装减速器和传动系统。安装电气控制系统。

(5)空载试车。通电后检验电机、减速器工作情况是否正常,卷筒转动方向是否正确。

(6)装帘板。将帘板拼装起来,然后安装在卷筒上。

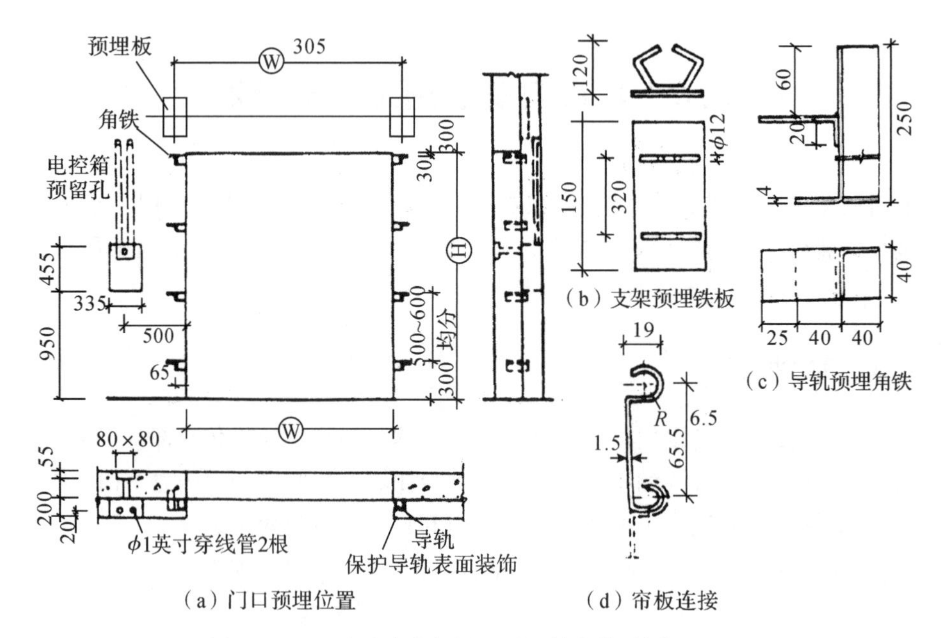

(a) 门口预埋位置　(b) 支架预埋铁板　(c) 导轨预埋角铁　(d) 帘板连接

图 3.8.4-1　防火卷帘门洞口预埋件安装(单位:mm)

(7)安装导轨。按图纸规定位置,将两侧及上方导轨焊牢于墙体预埋件上,并焊成一体,各导轨应在同一垂直平面上。

(8)试车。先手动试运行,再用电动机启闭数次,调整至无卡住、阻滞及异常噪声等现象为止,启闭的速度符合要求。全部调试完毕,安装防护罩。

(9)清理。粉刷或镶砌导轨墙体装饰面层,清理现场。

3.8.5　质量标准

(1)主控项目。

1)卷帘门的质量合格,符合设计要求。检验方法:检查生产许可证、产品合格证书和性能检测报告。

2)卷帘门的品种、类型、规格、尺寸、开启方向、安装位置及防腐处理应符合设计要求。检验方法:观察,尺量检查,检查进场验收记录和隐蔽工程验收记录。

3)带有机械装置、自动装置或智能化装置的卷帘门,其机械装置、自动装置或智能化装置的功能应符合设计要求和有关标准的规定。检验方法:启动机械装置、自动装置或智能化装置,观察。

4)卷帘门的安装必须牢固。预埋件的数量、位置、埋设方式、与框的连接方式必须符合设计要求。检验方法:观察,手扳检查,检查隐蔽工程验收记录。

5)卷帘门的配件应齐全,位置应正确,安装应牢固,功能应满足使用要求和特种门的各项性能要求。检验方法:观察,手扳检查,检查产品合格证书、性能检测报告和进场验收记录。

(2)一般项目。

1)卷帘门的表面装饰应符合设计要求。检验方法:观察。

2)卷帘门的表面应洁净,无划痕、碰伤。检验方法:观察。

3.8.6 质量记录

(1)卷帘门应检查生产许可证、产品合格证书和性能检测报告。

(2)进场验收记录。

(3)隐蔽工程验收记录。

(4)施工记录。

3.9 门窗玻璃安装施工工艺标准

本工艺标准适用于建筑装饰装修工程中的平板、吸热、反射、中空、夹层、夹丝、磨砂、钢化等玻璃安装施工。工程施工应以设计图纸和有关施工质量验收规范为依据。

3.9.1 材料要求

(1)玻璃。平板、吸热、反射、中空、夹层、夹丝、磨砂、钢化、压花玻璃的品种、规格、质量标准,要符合设计及规范要求。

(2)腻子。有自行配制的和在市场购买的成品两种。从外观看,具有塑性、不泛油、不粘手等特征,且柔软,有拉力、支撑力,为灰白色的稠塑性固体膏状物,常温下20昼夜内硬化。

(3)其他材料。红丹、铅油、玻璃钉、钢丝卡子、油绳、橡皮垫、木压条、煤油等,应满足设计及规范要求。

3.9.2 主要机具设备

主要机具设备包括工作台、玻璃刀、尺板、钢卷尺、木折尺、丝钳、扁铲、腻子刀、木柄小锤、玻璃吸等。

3.9.3 作业条件

(1)门窗五金安装完成后,经检查合格,在涂刷最后一道油漆前进行玻璃安装。

(2)钢门窗在安装玻璃前,要求认真检查是否有扭曲变形等情况,应修整和挑选后,再进行玻璃安装。

(3)玻璃安装前,应按照明设计要求的尺寸及结合实测尺寸,预先集中裁制,并按不同规格和安装顺序码放在安全地方待用。

(4)由市场直接购买到的成品腻子,或使用熟桐油等天然干性油自行配制的腻子,可直接使用;如用其他油料配制的腻子,必须经过检验合格后方可使用。

(5)对于加工后进场的半成品玻璃,提前核实来料的尺寸留量,长宽各应缩小1个裁口宽的1/4(一般每块玻璃的上下余量为3mm,宽窄余量为4mm),边缘不得有斜曲或缺角等情况，并应有针对性地选择几樘进行试行安装，如有问题，应做再加工处理或更换。

3.9.4 施工操作工艺

工艺流程：清理门窗框→量尺寸→下料→裁割→安装。

(1)门窗玻璃安装，一般按先安外门窗，后安内门窗，先西北后东南的顺序安装；如果因工期要求或劳动力允许，也可同时进行安装。

(2)玻璃安装前应清理裁口。先在玻璃底面与裁口之间，沿裁口的全长均匀涂抹1～3mm厚的底腻子，接着把玻璃推铺平整、压实，然后收净底腻子。

(3)木门窗玻璃推平、压实后，四边分别钉上钉子，钉子间距为150～200mm，每边不少于2个钉子，钉完后用手轻敲玻璃，响声坚实，说明玻璃安装平实；如果响声啪啦啪啦，说明腻子不严，要重新取下玻璃，铺实底腻子后，再推压挤平，然后用腻子填实，将灰边压平压光，并不得将玻璃压得过紧。

(4)木门窗固定扇(死扇)玻璃安装。应先用扁铲将木压条撬出，同时退出压条上小钉，并将裁口处抹上底腻子，把玻璃推铺平整，然后嵌好四边木压条将钉子钉牢，底灰修好、刮净。

(5)钢门窗安装玻璃。将玻璃装进框口内轻压使玻璃与底腻子粘住，然后沿裁口玻璃边侧装上钢丝卡，钢丝卡要卡住玻璃，卡子间距不得大于300mm，且框口每边至少有两个。经检查玻璃无松动时，再沿裁口全长抹腻子，腻子应抹成斜坡，表面抹光平。如框口玻璃采用压条固定，则不抹底腻子，先将橡胶垫嵌入裁口内，装上玻璃，随即装压条用螺丝钉固定。

(6)如设计没有要求，应采用夹丝玻璃，并应从顺留方向盖叠安装。盖叠安装搭接长度应视天窗的坡度而定，当坡度为1/4或大于1/4时，不小于30mm；坡度小于1/4时，不小于50mm，盖叠处应用钢丝卡固定，并在缝隙中用密封膏嵌填密实；如果用平板或浮法玻璃，要在玻璃下面加设一层镀锌铅丝网。

(7)门窗安装彩色玻璃和压花。应按设计图案仔细裁割，拼缝必须吻合，不允许出现错位、松动和斜曲等缺陷。

(8)安装窗中玻璃。按开启方向确定定位垫块，宽度应等于玻璃的厚度加上前部余隙和后部余隙，长度不应小于25mm，并应按设计要求。

(9)铝合金框扇安装玻璃。安装前，应清除铝合金框的槽口内所有灰渣、杂物等，畅通排水孔。在框口下边槽口放入橡胶垫块，以免玻璃直接与铝合金框接触。安装玻璃时，使玻璃在框口内准确就位，玻璃安装在凹槽内，内外侧间隙应相等，间隙宽度一般在2～5mm。采用橡胶条固定玻璃时，先用10mm长的橡胶块断续地将玻璃挤住，再在胶条上注入密封胶，密封胶要连续注满在周边内，注得均匀。采用橡胶块固定玻璃时，先将橡胶压条嵌入玻璃两侧密封，然后将玻璃挤住，再在其上面注入密封胶。采用橡胶压条固定玻璃时，先将橡胶压嵌入玻璃两侧密封，容纳后将玻璃挤紧，上面不再注密封胶。橡胶压条长度不得短于所需嵌入长度，不得强行嵌入胶条。

(10)玻璃安装后，应进行清理，将腻子、钉子、钢丝卡及木压条等随即清理干净，关好门窗。

(11)冬期施工应在已经安装好玻璃的室内作业(即内门窗玻璃),温度应在正温度以上;存放玻璃库房中作业面的温度不能相差过大,玻璃如果从过冷或过热的环境中运入操作地点,应将预先裁割好的玻璃提前运入作业地点。外墙铝合金框扇玻璃不宜冬期安装。

3.9.5　质量标准

(1)主控项目。

1)玻璃的品种、规格、尺寸、色彩、图案和涂膜朝向应符合设计要求。单块玻璃不大于 $1.5m^2$ 时应使用安全玻璃。检验方法:观察,检查产品合格证书、性能检测报告和进场验收记录。

2)门窗玻璃裁割尺寸应正确。安装后的玻璃应牢固,不得有裂纹、损伤和松动。检验方法:观察,轻敲检查。

3)玻璃的安装方法应符合设计要求。固定玻璃的钉子或钢丝卡的数量、规格应保证玻璃安装牢固。检验方法:观察,检查施工记录。

4)镶钉木压条接触玻璃处,应与裁口边缘平齐。木压条应互相紧密连接,并与裁口边缘紧粘,割角应整齐。检验方法:观察。

5)密封条与玻璃、玻璃槽口的接触应紧密、平整。密封胶与玻璃、玻璃槽口的边缘应粘结牢固、接缝平齐。检验方法:观察。

6)带密封条的玻璃压条,其密封条必须与玻璃全部贴紧,压条与型材之间无明显缝隙,压条接缝应不大于0.5mm。检验方法:观察,尺量检查。

(2)一般项目。

1)玻璃表面应洁净,不得有腻子、密封胶、涂料等污渍。中空玻璃内外表面均应洁净,玻璃中空层内不得有灰尘和水蒸气。检验方法:观察。

2)门窗玻璃不应直接接触型材。单面镀膜玻璃的镀膜层及磨砂玻璃的磨砂面应朝向室内。中空玻璃的单面镀膜玻璃应在最外层,镀膜层应朝向室内。检验方法:观察。

3)腻子应填抹饱满、粘结牢固,腻子边缘与裁口应平齐。固定玻璃的卡子不应在腻子表面显露。检验方法:观察。

3.9.6　成品保护

(1)已安装好的门窗玻璃,必须设专人负责看管维护,按时开关门窗,尤其在大风天气,更应该注意,以防玻璃损坏。

(2)门窗玻璃安装完成后,应随手挂好风钩或插入插销,以防刮风损坏玻璃。

(3)对面积较大、造价昂贵的玻璃,宜在该项工程交工验收前安装,若提前安装,应采取保护措施,以防损伤玻璃。

(4)安装玻璃时,操作人员要加强对窗台及门窗口抹灰等项目的成品保护。

3.9.7　安全与环保措施

(1)高处安装玻璃时,检查架子是否牢固。严禁上下两层、垂直交叉作业。

(2)玻璃安装时,避免与太多工种交叉作业,以免在安装时,各种物体与玻璃碰撞,击碎玻璃。

(3)作业时,不得将废弃的玻璃乱扔,以免伤害到其他作业人员。

(4)安装玻璃应从上往下逐层安装,作业下方严禁走人或停留。

(5)安装玻璃用的梯子必须结实牢固,不应缺档,不应放置过陡,梯子与地面夹角以60°～70°为宜。严禁两人同时站在一个梯子上作业。高凳不能站其端头,防止跌落。

(6)安装玻璃使用吸盘时,应严格执行施工用电安全管理要求。使用吊车吊装吸盘、玻璃应严格执行起重作业安全安全管理要求。

(7)施工后的废料应及时清理,做到工完料经场地清,坚持文明施工。

3.9.8 施工注意事项

(1)质量控制要点。

1)玻璃和玻璃砖的品种、规格和颜色应符合设计要求,质量应符合有关材料标准。

2)腻子用熟桐油等天然干性油拌制,用其他材料拌制的腻子,必须经试验合格后,方可使用。

3)腻子应具有塑性,嵌抹时不断裂,不出麻面,腻子在常温下,应在20d内硬化。用于钢门窗玻璃的腻子,应具有防锈性。现场拌制腻子的配合比:碳酸钙粉∶混合油=100∶(13～14)。其中混合油的配合比:三线脱蜡油∶熟桐油∶硬脂油∶松香=63∶30∶2.1∶4.9。

4)夹丝玻璃的裁割边缘上宜刷涂防锈涂料。

5)镶嵌用的镶嵌条、定位垫块和隔片、填充材料、密封胶等的品种、规格、断面尺寸、颜色、物理及化学性质应符合设计要求。合成橡胶定位垫块和隔片(以氯丁橡胶为宜)的硬度宜分别为邵氏硬度80°～90°和45°～55°。

6)当上述材料配套使用时,其相互间的材料性质必须相容。当安装中空玻璃或夹层玻璃时,上述材料和中空玻璃的密封胶或玻璃的夹层材料,在材性方面必须相容。

7)安装好的玻璃应平整、牢固、不得有松动现象。

8)腻子与玻璃及裁口应粘贴牢固,四角成八字形,表面不得有裂缝、麻面和皱皮。

9)腻子与玻璃及裁口接触的边缘应齐平,钉子、钢丝卡不得露出腻子表面。

10)木压条接触玻璃处,应与裁口边缘齐平。木压条应互相紧密连接,并与裁口紧贴。

11)密封条与玻璃、玻璃槽口的接触应紧密、平整,并不得露在玻璃槽口外面;用橡胶垫镶嵌玻璃,橡胶垫应与裁口、玻璃及压条紧贴,并不得露在压条外面,密封胶与玻璃、玻璃槽口的边缘应粘结牢固,接缝齐平。

12)拼接彩色玻璃、压花玻璃的接缝应吻合,颜色、图案应符合设计要求。

(2)质量通病防治。玻璃工程施工中常见的质量通病及防治措施如下。

1)玻璃发霉。在玻璃储存期间应有良好的通风条件,防止受潮受淋。

2)夹丝玻璃使用时易破损。裁割时应防止两块玻璃在边缘处互相挤压造成微小缺口,引起使用时破损。

3)安装尺寸小或过大。裁割时严格掌握操作方法,按实物尺寸裁割玻璃。

4)玻璃安装不平整或松动。

①清除槽口内所有杂物,铺垫底腻子厚薄要均匀一致。底腻子失去作用应重新铺垫,再安装好玻璃。为防止底腻子冻结,可适当掺加一些防冻剂或酒精。

②裁割玻璃尺寸应使上下两边距离槽口不大于4mm,左右两边距槽口不大于6mm,但玻璃每边镶入槽口应不少于槽口的3/4,禁止使用窄小玻璃。

③钉子数量适当,每边不少于一颗,如果边长为40cm,就需钉两颗钉子,两钉间距不得大于15～20cm。

④玻璃松动轻者挤入腻子固定,严重者必须拆掉玻璃,重新安装。

5)尼龙毛条、橡胶条丢失或长度不到位。橡胶压条选型不妥,造成密封质量不好。

①密封材料的选择,应按照设计要求。

②如果施工中丢失,应及时补上。

③封缝的橡胶条,易在转角部位脱开。橡胶条封缝的窗扇,要在转角部位注上胶,使其牢固粘结。

6)腻子棱角不齐,交角处未成八字式。

①选用无杂质的腻子。冬季腻子应软些,夏季腻子应硬些,刮腻子时腻子刀先从一个角插入腻子中,贴紧槽口边用力均匀向一个方向刮成斜坡形,向反方向理顺光滑,交角处如不准确,用腻子刀反复多次刮成八字形为止。

②将多余的腻子刮除,不足处补腻子修至平整光滑。

7)底腻子不饱。

①玻璃与槽口紧贴,四周不一致或有支翘处,须将玻璃起下来,将槽口所有杂物清除掉,重抹底腻子。调制的底腻子应稀稠软硬适中。

②铺底腻子要均匀饱满。厚度至少为1mm,但不大于3mm,无间断,无堆集。铺好后再安装玻璃。

③安玻璃时,用双手将玻璃轻按压实。四周的底腻子要挤出槽口。四口按实并保持端正。待挤出的底腻子初凝达到一定强度,才准许平行槽口将多余的底腻子刮匀,裁除平整。有断条不饱满处,可将底腻子塞入凹缝内刮平。

8)内见腻子外见裁口。

①要求操作人员认真按操作规程施工。对需涂刷涂料的腻子,所刮腻子要比槽口小1mm,不涂涂料的腻子可不留余量。四角整齐,腻子紧贴玻璃和槽口,不能有空隙、残缺、翘起等弊病。

②有内见腻子的弊病,可将多余的腻子刮除,使它光滑整齐。对外见裁口的弊病,可增补腻子,再裁刮平滑即可。

9)腻子流淌。

①商品腻子须先经试验合格方可使用。

②刮抹腻子前,必须将存在槽口内的杂物清除干净。

③掌握适宜的温度刮腻子,当温度较高或刮腻子后有下坠迹象时,应即停止。

④选用质量好具有可塑性的腻子,自配腻子不得使用非干性油材料配制。油性较大可加粉质填料,拌揉调匀方能使用。

⑤出现流淌腻子,必须全部清除干净,重新刮质量好的腻子。

10)腻子露钉或露卡子。

①木门窗应选用12.7~19.0mm的圆钉,钉钉时,不能损坏玻璃,钉的钉子既要不使钉帽外露,又要使玻璃嵌贴牢固。

②钢门窗卡卡子时,应使卡子槽口卡入玻璃边并固定牢。如卡子露出腻子外,则将卡子长脚剪短再安装。

③将凸出腻子表面的钉子,钉入腻子内,钢卡子外露应起下来,换上新的卡平卡牢。

④损坏的腻子应修理平整光滑。

11)腻子粘结不牢,有裂纹或脱落。

①商品腻子应先经试验合格方可使用。

②腻子使用前将杂物清除并揉调均匀。

③选用熟桐油等天然干性油配制的腻子。

④腻子表面粗糙和有麻面时,用较稀的腻子修补。

⑤腻子有裂纹、断条、脱落时,必须将腻子铲除,重抹质量好的腻子。

12)木压条不平整有缝。

①不要使用质硬易劈裂的木压条,其尺寸应符合安装要求,端部锯成45°角的斜面,安装玻璃前先将木压条卡入槽口内,装时再起下来。

②选择合适的钉子,将钉帽锤扁,然后将木压条贴紧玻璃,把四边木压条卡紧后,再用小钉钉牢。

③有缝隙、八字不见角、劈裂等弊病的木压条,必须拆除,换上较好的木压条重新钉牢。

13)玻璃不干净或有裂纹。

①玻璃安装后,应用软布或棉丝清洗擦除玻璃表面污染物,达到透明光亮。有裂纹的玻璃,必须拆掉更换。

②有气泡、水印、棱脊、波浪和裂纹的玻璃不能使用。裁割玻璃尺寸不得过大或过小,应符合施工规范规定。

③玻璃安装时,槽口应清理干净,垫底腻子要铺均匀,将玻璃安装平整用手压实。钉帽紧贴玻璃垂直钉牢。

3.9.9 质量记录

(1)门窗工程的施工图纸及设计说明文件。

(2)材料的产品合格证、性能检验报告。

(3)材料进场验收记录及复验报告。

(4)隐蔽工程验收记录。

(5)施工记录。

主要参考标准名录

[1]《建筑装饰装修工程质量验收标准》(GB 50210—2018)
[2]《建筑工程施工质量验收统一标准》(GB 50300—2013)
[3]《民用建筑工程室内环境污染控制标准》(GB 50325—2020)
[4]《住宅装饰装修工程施工规范》(GB 50327—2001)
[5]《铝合金门窗》(GB 8478—2008)
[6]《防火门》(GB 12955—2008)
[7]《平板玻璃》(GB 11614—2009)
[8]《建筑用安全玻璃》第 2 部分:钢化玻璃 (GB 15763.2—2005)
[9]《建筑用安全玻璃》第 3 部分:夹层玻璃(GB 15763.3—2009)
[10]《中空玻璃》(GB/T 11944—2012)
[11]《木门窗》(GB/T 29498—2013)
[12]《钢门窗》(GB/T 20909—2017)
[13]《建筑门窗工程检测技术规程》(JGJ 205—2010)
[14]《铝合金门窗工程技术规范》(JGJ 214—2010)
[15]《塑料门窗工程技术规范》(JGJ 103—2008)
[16]《建筑玻璃技术规程》(JGJ 113—2015)
[17]《自动门》(JG/T 177—2005)
[18]《夹丝玻璃》(JC 433—1991)
[19]《压花玻璃》(JC/T 511—2002)
[20]《建筑分项施工工艺标准手册》,江正荣主编,中国建筑工业出版社,2009
[21]《建筑装饰装修工程施工工艺标准》,中国建筑工程总公司编,中国建筑工业出版社,2003